BIBLIOTHÈQUE ILLUSTRÉE D'HORTICULTURE

L'ART
DES JARDINS

HISTOIRE — THÉORIE — PRATIQUE

DE LA

CRÉATION DES PARCS ET DES JARDINS

PAR

LE BARON ERNOUF

DEUXIÈME ÉDITION

Ornée de 150 Gravures

TOME 1er

J. ROTHSCHILD

13, Rue des Saints-Pères

PARIS

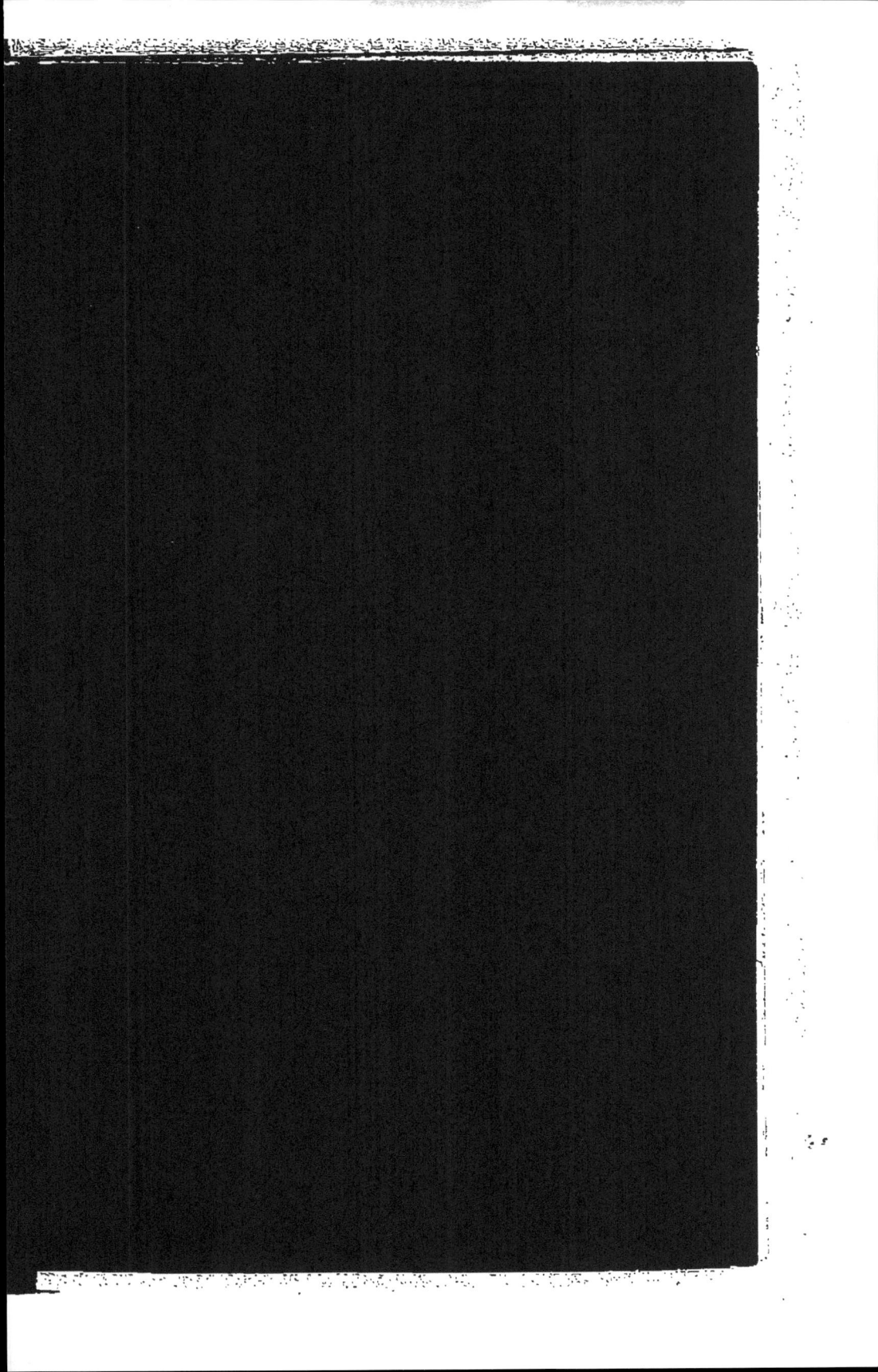

S

BIBLIOTHÈQUE ILLUSTRÉE D'HORTICULTURE

examinée et honorée
de Souscriptions de LL. Excellences MM. les Ministres de l'Agriculture,
de l'Instruction publique (pour les Bibliothèques scolaires), de la Société
Franklin, etc., etc.

L'ART

DES JARDINS

TOME PREMIER

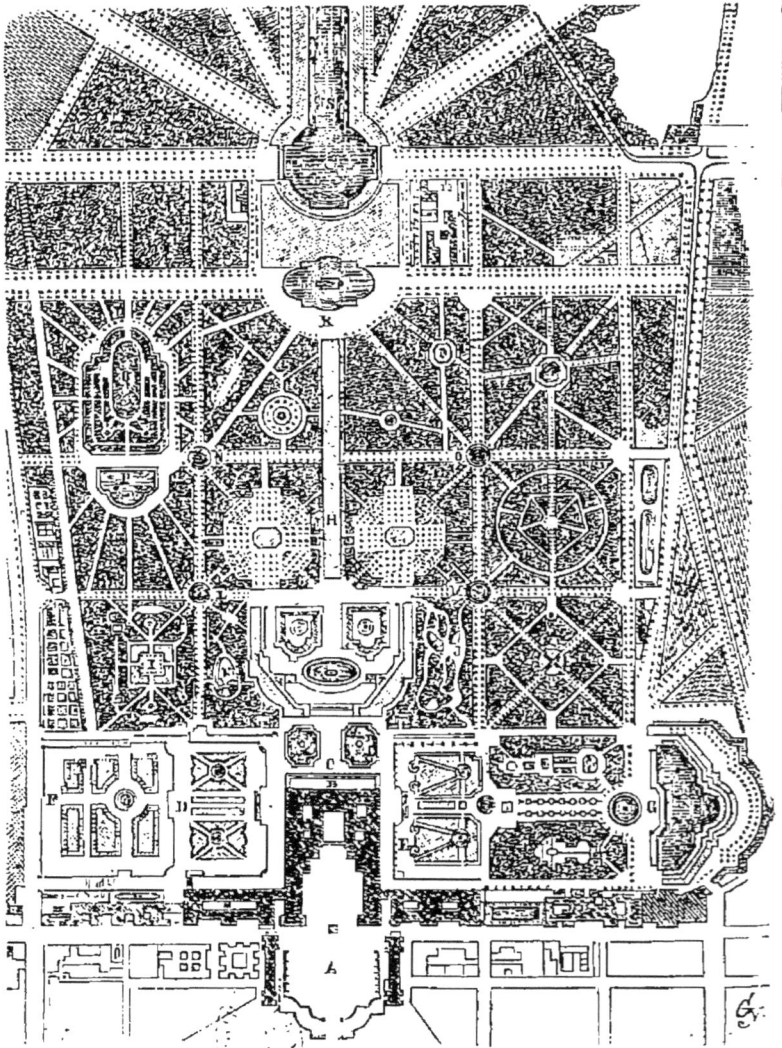

VUE DU PARC DE VERSAILLES.

L'ART
DES JARDINS

HISTOIRE — THÉORIE — PRATIQUE
DE LA COMPOSITION
DES
JARDINS — PARCS — SQUARES

PAR LE BARON ERNOUF

Orné de plus de 150 Gravures sur Bois

REPRÉSENTANT

DE NOMBREUX PLANS DE JARDINS ET PARCS ANCIENS ET MODERNES,
KIOSQUES, MAISONS D'HABITATION,
PONTS, TRACÉS, DÉTAILS PITTORESQUES, ACCIDENTS DE TERRAINS,
ARBRES, EFFETS D'ARBRES, PLANTES ORNEMENTALES, ETC.

Augmenté des plus jolis Squares de la Ville de Paris,
avec la disposition des plantes et des créations les plus réussies
de MM. le Comte Choulot, Barillier - Deschamps,
Lambert, Duvillers, Siebeck, Meyer, Kemp, Neumann, Hirschfeld, etc.

A l'usage des Amateurs, Jardiniers - Paysagistes, Ingénieurs,
Architectes, Instituteurs primaires, etc., etc.

DEUXIÈME ÉDITION

TOME PREMIER

Tracés — Travaux d'exécution — Aménagement—
Ornementation et création des jardins et petits
parcs —Jardins de ville - Jardins des Instituteurs

PARIS
J. ROTHSCHILD, ÉDITEUR
LIBRAIRE DE LA SOCIÉTÉ BOTANIQUE DE FRANCE
13, RUE DES SAINTS-PÈRES, 18

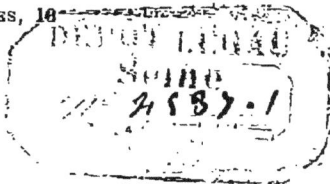

1872

Paris. — J. CLAYE, imprimeur.

A MONSIEUR DECAISNE

Membre de l'Institut, Professeur de culture au Muséum, etc

MONSIEUR,

Placer sous le patronage d'un nom tel que le vôtre, un livre sur LES JARDINS, serait, pour tout écrivain, une démarche d'intérêt bien entendu. De ma part, cette démarche est aussi un témoignage de reconnaissance, et, permettez-moi de l'ajouter, de sincère amitié.

Bon. D'ERNOUF.

1

AVANT-PROPOS

Cet ouvrage est divisé en deux parties bien distinctes. Celle-ci concerne **Les Jardins de campagne** d'une étendue médiocre et ceux des villes; l'autre aura pour objet **Les Parcs et les Squares.**

Nous avons fait dans ce premier volume, différents emprunts à un livre qui jouit en Angleterre d'une vogue méritée « *How to lay out a garden* » par Edward Kemp. Mais nous avons dû modifier et compléter sur plus d'un point ses préceptes, en les appropriant au goût français.

Nous y avons joint diverses indications pratiques, empruntées à d'autres ouvrages classiques sur la matière, notamment à ceux de MM. Decaisne et Naudin, M'Intosh, Mayer, Pückler-Muskau, Chou-lot, Loudon, Repton, etc., et quelques observations qui nous sont personnelles, ou nous ont été suggé-rées par d'habiles praticiens.

TABLE DES MATIÈRES

DU TOME PREMIER.

		Pages.
DÉDICACE.		I
AVANT-PROPOS		III
LIV. I.	NOTIONS ET CONSEILS PRÉLIMINAIRES SUR LE CHOIX D'UN EMPLACEMENT	5
	Vues préliminaires.	7
	Etude des alentours.	10
	Recherche des antécédents.	13
	Règle générale pour le choix d'un emplacement.	14
	De la meilleure nature du sol.	16
	Approvisionnement d'eau.	17
	Forme du domaine.	18
	Conseils spéciaux sur l'orientation de l'assiette d'un domaine.	20
	Principes généraux de décoration paysagère	22
	Spécimen d'habitation de campagne.	24
	Des communs.	27
LIV. II.	CE QU'ON DOIT ÉVITER (*Règles négatives*).	33
	Défaut d'éclectisme	33
	Abus des rochers, des autres factices, etc.	37
	Rôle de la végétation autour d'une maison de campagne.	39
	Rangées d'arbres symétriques.	40
	Des murailles	43
	Jardins ouverts.	43
	Respect des beaux arbres.	44
	Confusion des genres.	44
	Excès de régularité.	44
	Décorations symétriques	45
	Potagers et vergers.	46
LIV. III.	BUT A ATTEINDRE (*Règles positives*)	49

Pages.

Chap. I. **Principes généraux.** 50
  Simplicité 50
  Difficultés de détail 50
  Confort 51
  Agencement. 52
  Facilités d'isolement 52
  Unité 53
  Ornementations graduées. 54
  Artifices de composition. Importance majeure des
    premiers plans 55
  Manières diverses de masquer les communs. . . 61
  Variété. 65
  Mouvements de terrain 74
  Contrastes 77
  Des différents styles. Style français ou régulier. . 83
  Style mixte 92
  Genre pittoresque. 98
  L'appropriation aux localités. 99
Chap. II. **Objets généraux.** 101
  Économie 101
  Entrées de l'habitation. 106
  Allées de promenades. 113
  Clôtures. 115
  Massifs et plates-bandes 120
  Disposition des fleurs. 124
  Plantes herbacées et bulbeuses 125
  Culture des fleurs dans les petits jardins. . . . 129
  Des plantations sur les limites. 130
  Choix d'arbres et d'arbustes 131
  Allées et pourtour des massifs 132
Chap. III. **Objets particuliers.** 134
  Importance des petits détails. 134
  Levées, remblais, éminences. 135
  Harmonie des plantations avec le style de l'habi-
    tation. 140
  Effets d'ombre et de lumière. 145
  Emploi des plantes grimpantes 146
  Massifs de plantes d'hiver. 147

Pages.

Bordures des grands massifs 148
Embellissement des haies. 148
Abris contre les vents de mer 149
Des bordures 150
Chap. IV. **Application**. 152
Création d'un jardin 152
Parterres 154
Fougeraie et rochers artificiels. 156
Des eaux. 159
Berceaux, siéges, pavillons. 163
Des serres 165
Du potager. 174
Des volières et des ruches 177
Jardins de ville. 178
Jardins des instituteurs primaires 188
Liv. IV. CONSEILS PRATIQUES 192
Drainage. 192
Soins à donner aux allées. 195
Raccordement des terrains 199
Epoque de la création du jardin. 201
Prévoyance du dessinateur 203
Epoque et mode de plantation. 205
Formation des pelouses. 211
Arbres fruitiers en espaliers. 214
Observations générales 214
Conclusion. 217

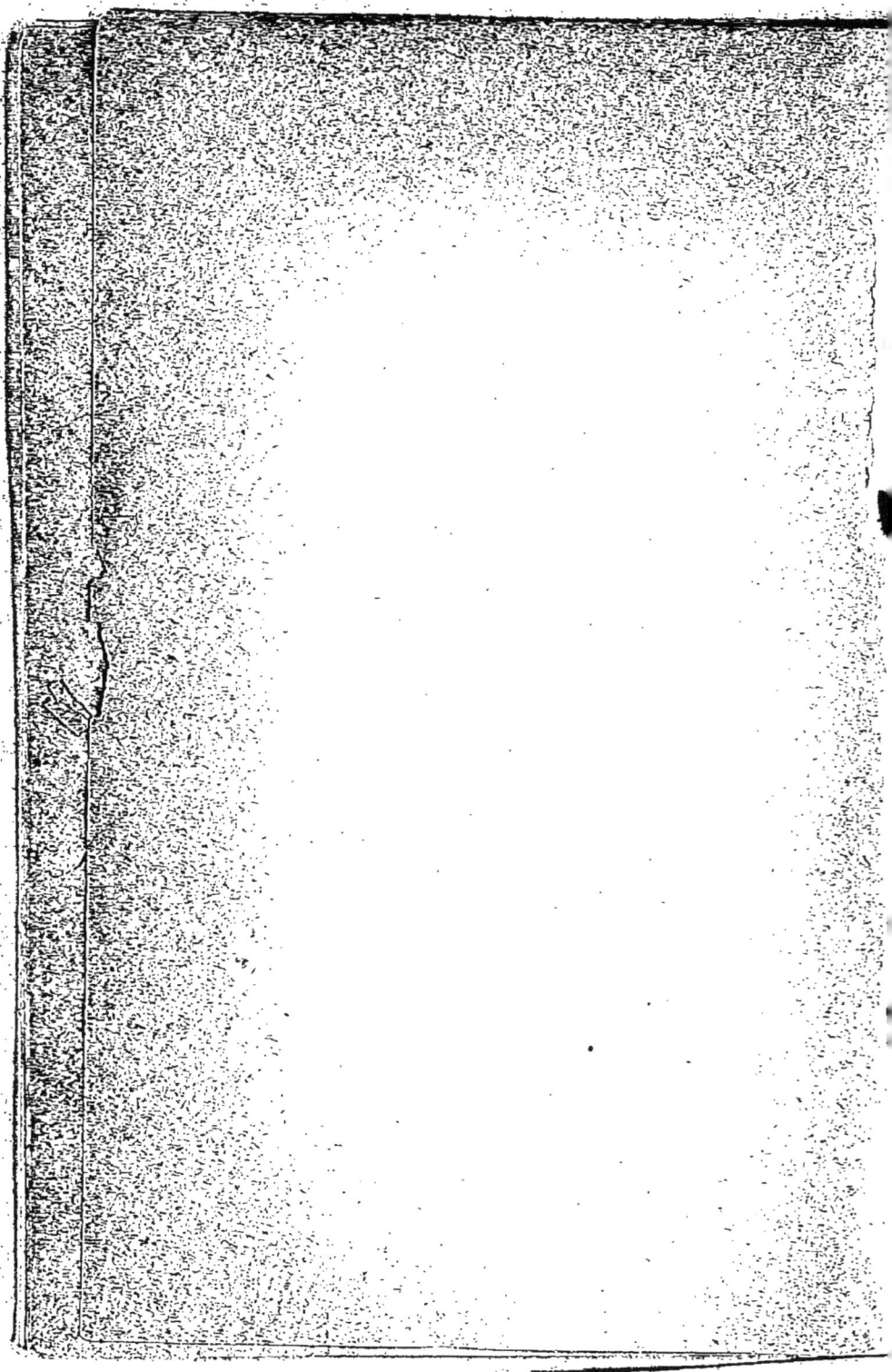

TABLE ALPHABÉTIQUE

DES MATIÈRES ET DES VIGNETTES.

Tome premier.

Le chiffre de gauche de cette table indique la figure, celui de droite renvoie au texte.

Abies alba. 96, 97
Abies excelsa. 57 68
Abies pinsapo. 78
Abris (contre les vents). 149 20
Acacia. 79 88,
6 *Acanthus lusitanicus.* 32
Acer negundo. 97, 204 9,11
Acer triatum. 96
Adiante, cheveux de Vénus. 156 8,10
Æsculus rubicunda. 96, 97
28 *Agave americana panaché.* 88
Agencement. 52
Agrostis tolonifera. 212
Ailantus glandulosa. 96
Ajones à fleurs. 132
Alentours (Études des). 10
43 Allée bifurquant. 115
57, 81 Allée bombée. 133, 195
83, 84, 85 Allées (coupes des). 198
49 Allée courbée. 66
Allées de promenade. 113
43 Allée dérobée. 56 15
31, 33 Allée droite se divisant. 90, 91
29 Allée avec ouverture sur la campagne. 89
Allées (Soins à donner aux). 195
30 Allée terminée par un demicercle. 90 12
32 Allée tournante. 90
56 *Alternanthera sessilis.* 128, 129, 113
Amandier. 79, 217
Amelanchier botryapium. 182 54
Andromeda floribunda. 64, 148
Anthoxanthum odoratum. 212 14
Autres factices (Abus des). 37 26

Appropriation aux localités. 99
Aquarium. 167
Aralia. 217
Araucaria imbricata. 68
89, 90, 91 Arbres (Entourage) 210
Arbres fruitiers. 214
9,11 Arbres (Ligne rompue d'). 42
Arbres pleureurs. 73
8,10 Arbres (Rangées symétriques) 40, 41, 42
Arbres (Respect des beaux). 44
Arbustes (Choix d'). 131
Arctostaphylos uva-ursi. 148
Aspidium angulare. 156
Asplenium adiantum nigrum. 156
Aucuba japonica. 130, 217
Aulne à feuilles en cœur. 161
Avena flavescens. 212
Azalées. 64, 143
Balisiers. 137
Balustrades. 117
Berberis à feuilles pourpres. 184
Berceaux. 163
Bigonia. 81, 181
Bordures. 148, 150
Boules de neige. 130
Brassica sinensis. 48
Broussonetia papyrifera. 97
Bruyères. 132, 148, 151
Buis. 130, 149, 156, 182
Camélias. 167, 170
Canna atroni ricans. 126, 127
Catalpa syringæfolia. 96
Cèdre déodara. 57, 58, 68
Cèdre du Liban. 79, 80

I
15

55   Centaurea candidissima. 126,   128
Ceratopteris thalictroides.   166
Cerisier.   177
Cerisier double.   204
Charme.   149
Châtaignier.   132
Chêne.   79, 132,   149
16   Chèvrefeuilles à réseau d'or.   62
Choux panachés.   134
Citernes.   17
Clématites.   181
Clôtures.   115
44, 47   Clôture (Modèle de). 116,   118   86
62   Coleus Verschaffeltii. 126, 143   144
Communs.   27   78
17   Communs (Manière de les masquer).   64,   63   92
Composition (Artifices de).   55   93
Confort.   54
Conifères. 78, 81, 205, 206, 208,   217
Conseils pratiques.   192
61   Contours des hauteurs.   138
Contrastes.   77
Convolvulus.   151
Cornouilliers.   130,   143
Cotoneaster microphylla. 132, 148,   187
Cryptomerias.   73
Cydonia japonica.   143,   217
Cynosurus cristatus.   212
Cyprès.   181
Cyprès de la Louisiane.   161
Dahlia.   124
Décoration paysagère (Principes généraux de).   22
Décorations symétriques.   45
Défauts à éviter.   33
Dessinateur (Prévoyance du).   203
Détail (Difficultés de).   50
Détails (Petits).   134
Deutzia.   184   71
7   Dicksonia squarrosa.   38
Diospyros virginiana.   97
79, 80 Drain.   193,   194
Drains (Pose des). 193,   194
Drainage.   192   94
Eau (Approvisionnement d').   17
23   Eau (Son rôle dans le paysage). 73,   159
Eclectisme (Défaut d').   33

Economie.   101
Elæagnus angustifolia.   96
Eminences.   135
Emplacement (Notions et conseils préliminaires sur le choix d'un).   5
Engrais.   202,   214
35 à 42 Entrées de l'habitation. 106,   108, 109, 111, 112,   113
Epine.   149, 204,   217
Epine vinette.   184
Epoque de la création.   201
Equerre à terrassement.   200
Erable.   130, 132,   216
Erable panaché.   191
Erica carnea.   64,   148
Espalier.   213
Espalier (Mur pour).   214
Fagus purpurea.   96
Férier.   149
Férules.   134
Festuca ovina.   212
Fleurs (Culture dans les petits jardins).   129
Fleurs (Disposition des).   124
Forme du domaine.   18
Fougeraie.   156
Framboisiers.   176
Frêne.   132
Fuchsia.   124,   172
Garrya elliptica.   132
Gaultheria procumbens.   148
Gaultheria shallon.   148
Gazons (Composition des). 212,   213
Genêts.   132
Genévriers.   181
Genres (Confusion des).   44
Genre pittoresque.   98
Gentiana acaulis.   151
Gleditschia triacanthos.   97
Glycines.   181
Gonophlebium Reinwardtii.   171
Groseillers.   176
Groseillers à fleurs rouges.   79
Gymnocladus canadensis.   97
Gynerium.   134,   217
Gynerium argenteum.   215
Haies (Embellissement).   148
4,5   Habitation de campagne. 24,   26
Hêtre.   132,   149
Hibiscus syriacus.   97

Hortensias. 143
Houx. 64, 79, 130, 131, 132, 149, 158
38
Houx à feuilles de laurier. 187 49
Hypericum calycinum. 148

I. 79, 130, 149, 158, 181 50
If d'Irlande. 187
If pyramidal. 78
Isolement (Facilités d'). 52

Jacinthes. 95
Jardins des instituteurs primaires. 188
Jardins ouverts. 43
63 Jardin (Plan). 153
Jardins réguliers. 81
74 h 77 Jardins de ville. 178, 179, 183, 185, 188
Juniperus. 78
Juniperus recurva. 158 15
Kalmias. 132
Kemp. 8, 107, 131, 132, 186
Lauriers. 130, 132
Laurier de Portugal. 149, 217
Lauriers-thyms. 82, 131, 149
Lavandes. 132 46,
Ledum latifolium. 148 64,
Levées. 135
72 Lierre. 148, 172, 217 67
Lilas. 130, 182, 217
Limites (Plantations sur). 130 53
22 Linéaments (fixation). 74
Liriodendron tulipifera. 96
Liserons cultivés. 151
Lobelia cardinalis. 96
Lobelia ramosa. 95
Lolium perenne. 212
16 Lonicera brachypoda var. au-
reo-reticulata. 62
Lophospermum. 151
Lumières (Effets de). 143
Lutea. 182 34
Magnolias. 217
Magnolia purpurea. 96 87
Mahonias. 132
Mahonia aquifolium. 132, 143, 148
59 Maïs japonais. 131, 136
Malus spectabilis. 183
Marronnier. 132
Marronnier d'Inde. 204, 216
51, 52 Massif. 120, 123

Massifs (Allées). 132
Massif (bombé). 133
Massif (Bordures). 148
Massif (irrégulier). 121
Massifs (Pourtour). 132
Massif (uniforme). 122
Maurandya. 151
Mélèze. 79
Menziesia dabœci. 148
Merisier. 132
Murailles. 43, 107
Myosotis alpestris. 96
Néfliers. 177
Nénuphars. 162
Nephrodium davalloïdes. 171
Nephrodium exaltatum. 171
Neumann. 178
Objets généraux. 101
Objets (Manière de masquer). 59
Objets particuliers. 134
Observations générales. 214
Ombre (Effets d'). 143
Orientation (Conseils sur l'). 20
Orme. 132, 216
Ornementations graduées. 54
48 Palissades. 117, 149
65 Parterre. 135, 154, 156
Pavia flava. 97
Pavillon. 163, 105
Pelargonium. 124
Pelargonium zonale. 125
Pelouses (Formation). 211
Pernettia mucronata. 148
Pervenches. 148, 151
Pétunia. 124
Peuplier. 132
Peuplier d'Italie. 204
Picea canadensis. 97
Picea pectinata. 96
Pins. 79
Pin d'Ecosse. 78, 158
Plans. 26, 29, 63, 104, 105, 153
179, 183, 185, 188
Plantation. 206, 60, 61, 69, 78, 79
Plantation (Epoque et mode). 205
Plantations (Harmonie des). 140
Plantations (Sur les limites). 130
Platane. 132, 161, 216, 217
Plates-bandes. 120
Plantes aquatiques. 162
Plantes bulbeuses. 125

27 Plantes grimpantes. 81
— Plantes grimpantes (Leur emploi). 146
Plantes herbacées. 125
Plantes d'hiver (Massifs de). 147
Platanus occidentalis. 96
Poa compressa. 212
Poa nemoralis. 212, 213
Poa pratensis. 212
Poa trivialis. 212
Pommiers nains. 177
66 Pont rustique. 164
Potagers. 46, 174
Populus canescens. 97
Premiers plans (Leur utilité). 55
Prunus padus. 183 2
Prunus scrotina. 183 24
Ptelea trifoliata. 182 3,25
Quercus coccinea. 97
Raccordement des terrains. 199
Ranunculoïdes. 182
Règles négatives. 33
Règles positives. 49
Régularité (Excès de). 44
Remblais. 135
Repton. 160
82 Réservoir. 196
Rhododendrons. 64, 79, 130, 132
— 143, 187, 217
Rhubarbe. 134
60 Ricinus C. sanguineus. 137
Robinia hispida. 96
Rochers (Abus des). 37
Rochers artificiels. 156
Roseaux. 73, 162
Rose noisette. 182
Rosiers. 95, 96, 140, 148,
— 82, 202
Rosiers banks. 81
Ruches. 177
Sapin d'Autriche. 158 21
Saule. 79, 204
Scolopendrium officinarum. 156
73 Sedum Sieboldii. 174, 173
69, 70 Serre. 165, 169, 170 95
Siebeck. 93, 104, 105
Siéges. 163
Simplicité. 50
Sol (De la meilleure nature du sol). 16
Sophora japonica. 96

Sorbier. 204
Spécimens d'habitation. 24, 29, 67
Spirées. 184
Styles (Des différents). 83
Style français. 83
— mixte. 92
— pittoresque. 98
— régulier. 83
Sumac. 79
Sureaux. 130
Sycomores. 130
Symphoricarpos. 130
Syringas. 79, 182
Syringa persica. 96
Tamari. 143
Terrain convexe. 22
— (Mouvements de). 74
— ondulé. 23, 75
— (Raccordement des). 199
Terrassement (Travaux de). 201
Thuiopsis borealis. 57
Thuya. 78, 149, 181
Tilia europæa. 96
Tilleul. 132
Trichomanes radicans. 156
Trifolium repens. 212
Troëne. 130, 217
Tropæolum. 151
Tulipier. 161
Tuteurs (Modèles de). 210
Ulmus americana. 96
Unité (d'ensemble). 53
Variété. 65
Végétation (Son rôle autour d'une maison de campagne). 39
Verger. 46, 177
Versailles. 65
Viburnum opulus. 97
Vigne vierge. 181
Volières. 177
Vue oblique (Manière d'atténuer). 69
Weigelia. 184
Wigandia. 217
Wigandia macrophylla. 216
Ypréau. 204
Yucca. 217
Yucca centaurée de Babylone. 134
Yucca filamenteux panaché. 64
Yucca gloriosa. 187

LIVRE PREMIER

NOTIONS ET CONSEILS PRÉLIMINAIRES SUR LE CHOIX
D'UN EMPLACEMENT.

Des considérations de nature fort diverse peuvent
influer sur le choix d'une habitation à la campagne.
Il est rare que ce qui convient à l'un puisse plaire absolument à l'autre. Il est impossible que l'on puisse

trouver réuni tout ce que l'on désire. Les différences d'appréciations tiennent essentiellement à celles d'éducation, de position sociale, aux liens particuliers qui peuvent nous attacher à telle situation plutôt qu'à telle autre. Toutefois, un fait général est à noter aujourd'hui dans les contrées où la civilisation a fait les plus rapides progrès, comme la France, l'Angleterre, l'Allemagne : c'est que la population des villes tend de plus en plus à s'y répartir dans les alentours immédiats des anciennes enceintes ; et que, par suite de cette diffusion croissante, bien des endroits, qui ne paraissaient destinés qu'à l'agriculture, se peuplent d'habitations et de jardins.

Les chemins de fer, avec leurs abonnements annuels, leur rapidité, leur exactitude, donnent aux négociants, aux employés, la possibilité de se loger sans inconvénient dans un rayon de dix à trente kilomètres, et même davantage, des grandes villes, et leur permettent ainsi de jouir des bienfaits hygiéniques et des distractions de la campagne.

Le mouvement croissant des affaires, l'activité dévorante qui caractérise notre siècle, où l'on dépense en quelques heures une plus grande moyenne de force intellectuelle qu'autrefois en un mois, réclament plus que jamais aujourd'hui ces moments de répit, de délassement.

Nous croyons donc que ce modeste opuscule, qui n'a d'autre mérite que de résumer les classiques du genre, répond à un besoin social de plus en plus impérieux. Tout en laissant une latitude indispensable aux inclinations particulières, un livre comme celui-ci peut aider à distinguer les conditions les plus nécessaires, les plus favorables pour l'installation d'une demeure rurale, pour l'établissement et l'entretien de ce qui en fait le charme essentiel, le jardin. Il pourra aussi, nous l'espérons du moins, prévenir ou rectifier certaines déviations de goût, encore trop fréquentes de nos jours.

Vues préliminaires. — La première préoccupation de celui qui recherche l'emplacement le plus convenable pour une résidence champêtre est relative à l'accès de cette résidence. Les opinions peuvent varier sur la nature de route la plus convenable pour l'arrivée d'une demeure de ce genre.

Bien des amateurs désireront se placer non loin d'une station, d'une route fréquentée; quelques-uns préféreront une situation retirée. Tous voudront arriver chez eux par un bon chemin bien entretenu en tout temps; vœu qui, aujourd'hui, n'a plus rien de trop téméraire, même dans la plupart des cantons les plus reculés de la France. Une mauvaise route occasionne mille désagréments aux propriétaires aussi bien qu'aux visiteurs. Elle donne, de prime abord, l'impression la plus défavorable sur une habitation, si agréable qu'elle puisse être d'ailleurs. Un chemin non public, mais commun entre plusieurs particuliers et fermé la nuit, a aussi bien des désagréments.

Une route ou avenue particulière a ses inconvénients et ses avantages ; ces derniers plus particulièrement sensibles dans une propriété d'une certaine importance. Alors, en effet, le surcroît de frais d'entretien se trouve compensé, et au-delà, par l'agrément d'avoir un chemin à soi, plus isolé et plus tranquille. En ce cas, il faut généralement, dans les zones relativement froides ou simplement tempérées, que cette route ou avenue soit au nord, nord-est ou nord-ouest, afin que le point d'accès à l'habitation ne nuise pas à la perspective. L'entrée par d'autres côtés serait souvent préjudiciable au jardin, aux expositions les mieux abritées du froid, et à l'aspect général.

Il va sans dire que ces préceptes, empruntés à Kemp, ne sont applicables que dans les latitudes septentrionales, où le goût des jardins est précisément le plus répandu. Dans le Midi, il faudrait, par la même raison, intervertir cette règle, qui, d'ailleurs, dans l'un et l'autre cas, ne saurait être considérée comme inflexible, mais seulement comme applicable en moyenne. Enfin, le bon sens suffit pour indiquer que

partout et toujours, ces conseils généraux devront flé-
chir devant la nécessité de conserver et de faire valoir
un point de vue d'une beauté exceptionnelle.

La proximité d'un chemin de fer et d'une route carrossable y donnant en tout temps un accès facile, doit
beaucoup influer sur le choix de l'amateur. Il devra
aussi ne pas perdre de vue que la situation la plus
agréable, la plus pittoresque, n'est pas la seule condition, pas même la plus essentielle, pour une résidence
qu'il ne s'agit pas de visiter en touriste, mais d'habi-
ter. Combien de propriétés du plus séduisant aspect,
choisies avec empressement, décorées avec amour,
languissent dans le plus triste abandon, parce qu'il s'est
trouvé qu'on avait trop négligé, lors du choix de l'emplacement, les nécessités prosaïques, mais impérieuses
de la vie journalière, et qu'elles n'étaient agréables,
comme certains couvents d'Italie, que pour ceux qui
ne faisaient que les visiter en passant, *transeuntibus !*

On ne saurait donc, avant de prendre une détermi-
nation, s'enquérir trop soigneusement des ressources,
des facilités d'approvisionnement que peut offrir le voisinage. Cette recommandation, excellente à suivre
en tous pays, trahit bien son origine anglaise.

Une route trop fréquentée et trop proche peut rendre une maison fort désagréable à cause de la poussière. Elle a aussi le grave inconvénient d'exposer une

habitation ou un jardin à la curiosité et aux indiscré-
tions des passants. L'un des plus grands tours de force
du jardinier paysagiste est de tirer avantage de la
proximité extrême d'une grande route, en neutrali-
sant les inconvénients de cette disposition par l'agencement habile des terrassements, des massifs et des
clôtures, de manière à ne laisser voir aux passants que ce
qu'on veut leur montrer, et à les faire servir eux-mêmes,
sans qu'ils s'en doutent, à vivifier le paysage. Nous
aurons l'occasion de citer ultérieurement quelques
heureux essais dans ce genre.

Une situation reliée au grand chemin par un embranchement particulier, sera toujours préférable.
Il ne faut pas non plus rechercher une propriété trop
entourée ou sillonnée de routes. La vue des terres
cultivées, de prairies, de jardins, sera toujours beaucoup plus variée et plus agréable. Un sentier, et
même une route traversant une propriété, ne nuiront
pas à sa valeur, pourront même lui profiter et donner
lieu à des épisodes intéressants, s'ils sont bien
encadrés, si les clôtures peuvent être supprimées sans
trop d'inconvénients, ou habilement dissimulées.

Étude des alentours. — Supposons qu'une propriété réunisse déjà tous les avantages préliminaires
exposés dans le précédent chapitre, qu'elle y joigne
une autre condition essentielle, organique, la facilité

d'appropriation aux travaux et aux besoins de l'horticulture. Malgré leur importance capitale, ces considérations ne sauraient décider seules du choix de l'a-
mateur. Il faut encore qu'il examine si les alentours
sont en harmonie avec son futur domaine, si la vue
n'est pas gênée ou ne risque pas de l'être prochaine-
ment par des constructions d'un aspect disgracieux ou
misérable, enfin si la pureté et la salubrité de l'atmosphère ne sont pas altérées par la fumée ou le gaz de
grandes manufactures. Le bonheur de vivre dans un air
pur, au milieu des champs et des jardins, avec une liberté, une sécurité plus grandes, compensera toujours,
et par-delà, une augmentation de parcours de quelques
kilomètres. Rien n'amène plus de désagréments pour
un amateur véritable, que le voisinage trop rapproché
des agglomérations industrielles, qui ont tous les inconvénients des villes sans leurs avantages. La proximité d'une manufacture est aussi un sujet de contrarié-
tés continuelles. Elle crée des obstacles à toute espèce
de culture : l'influence délétère des gaz sur la végétation n'est que trop connue. Il est également important
de se rendre un compte aussi exact que possible des
modifications probables que les alentours semblent
appelés à subir dans un temps prochain. Une propriété bien située peut, en quelques années, changer
d'aspect, si des terrassements, des remblais, des

constructions viennent obstruer la perspective, et altérer les lignes de l'horizon. Les auteurs anglais et allemands, s'adressant aux amateurs qui veulent former un établissement modeste, mais durable; à ceux qui préfèrent aux hasards de la spéculation le plaisir plus délicat, plus élevé, de voir prospérer leurs cultures, leur conseillent de s'installer de préférence dans le voisinage de terres possédées et affectionnées par de grands et riches propriétaires, tenant aussi à conserver l'avantage d'un certain isolement. Ce conseil pourrait être également suivi dans quelques parties de la France.

L'emplacement projeté promet-il l'agrément d'une belle perspective, l'aspect d'une grande rivière, d'un lac ou de la mer? Il faut bien s'informer d'avance de ce qui pourrait nuire à ces avantages, car il serait insupportable d'être toujours menacé de les perdre. Parfois une situation plus retirée, sur une élévation au bord d'une rampe rapide, évitera mieux toute inquiétude de ce genre. Un terrain entouré d'espaces libres, par exemple de parcs publics, ou de propriétés dont les maîtres désirent aussi conserver leurs vues, sera toujours bien préférable à des emplacements plus favorables au premier abord, mais dont les alentours prêtent à la spéculation. Il faut, en un mot, s'arranger pour ne pas dépendre de la bonne volonté ou du caprice des voisins ; s'installer dans de telles conditions qu'ils ne puissent pas venir tout à coup masquer la vue par des plantations ou des bâtisses.

Recherche des antécédents. — Les antécédents historiques, qui se rattachent plus ou moins directement aux lieux où il veut s'établir, ne seront jamais, pour l'homme de goût, un détail indifférent. Il songera au contraire à recueillir les traditions, les histoires locales, à en rechercher l'origine.

Beaucoup d'amateurs instruits et éclairés se plaisent à rechercher, à travers une longue suite d'années, les noms, les familles des propriétaires qui les ont précédés. S'il existe sur le domaine de vieux arbres, d'anciennes constructions, si d'antiques légendes s'y rattachent, on aime à en ressaisir l'origine, la date authentique ou probable, à savoir si cette terre qu'on foule est cultivée depuis un temps immémorial, à quelle époque peut remonter le premier défrichement, enfin si elle ne recouvre pas les fondations d'anciens édifices.

Ces investigations locales ne sont pas seulement une distraction agréable, elles peuvent servir aux progrès de la science historique. Elles peuvent aussi être utiles aux intérêts privés. En réunissant, en parcourant de vieux titres échappés au naufrage révolutionnaire, en recherchant d'anciens usages, on re-

trouve parfois de bons renseignements sur la valeur
d'une propriété, sur la manière de la cultiver, d'en
tirer parti; l'expérience de l'ancien temps vient aider
dans sa tâche le nouveau propriétaire.

**Règle générale pour le choix d'un emplace-
ment.** — Les conditions spéciales de climat, d'exposition, de situation, ont une grande influence sur la
salubrité d'une habitation rurale, son agrément et son
confort.

Si elle est établie sur un sol bas et humide, les ma-
tinées et les soirées y seront d'une fraîcheur dan-
gereuse, même dans les plus belles journées d'été.

Les brouillards, si désagréables et si malsains,
seront toujours plus fréquents, plus épais dans une
vallée : les gelées tardives du printemps, les froids hâtifs de l'automne s'y feront bien plus vivement sentir.

Les terres situées dans des fonds présentent aussi
beaucoup de difficultés pour le drainage.

Une situation sur le bord ou le sommet d'une
colline mérite, sous bien des rapports, la préférence,
malgré l'inconvénient du vent. Elle est plus sèche
et plus chaude en hiver, la vue y est plus belle. On
y est aussi plus exempt des tracasseries des voisins,
de l'indiscrétion des passants. Quand une maison
ou un jardin sont placés en contre-bas de la route,
on n'y peut jamais être complètement chez soi. Il

est plus facile d'ailleurs, sur une éminence, de tirer bon parti de la beauté et de la variété des sites, et de dissimuler ce qui pourrait leur nuire.

Mais en toute chose l'excès est un défaut, et une position par trop culminante a aussi bien des désagréments. Elle sert de point de mire à tout le voisinage. La violence du vent nuit sensiblement à la végétation, enfin la nécessité continuelle de gravir une longue pente est singulièrement pénible pour les hommes et pour les chevaux. Une élévation modérée est donc, de toute manière, la situation la plus saine et la plus agréable.

Au reste, l'expérience démontre que l'on ne saurait préjuger sûrement la température d'une localité d'après son altitude dans certains pays montagneux. Les vents sont généralement plus froids, plus pernicieux dans les vallées que sur les hauteurs; et des positions élevées sont souvent mieux abritées de certains coups de vent particulièrement malsains, que d'autres localités qui, d'après l'apparence, semblaient devoir être beaucoup plus chaudes... Cet objet si important ne peut être suffisamment élucidé que par une étude approfondie des localités. Dans un pays où les ondulations sont marquées et nombreuses, il faut choisir un endroit qui ne soit pas trop commandé afin de pouvoir être bien chez soi, et d'éviter autant que possible le risque d'avoir la vue masquée par les plantations.

De la meilleure nature du sol. — Il y a quelque chose de plus important encore que l'altitude d'un emplacement, c'est la nature du sol, au double point de vue de l'hygiène et de la culture. Rien ne peut croître dans certains terrains très-forts. Aucun sacrifice n'en saurait faire un lieu de plaisance; les engrais, les cultures diverses, les améliorations ne peuvent y développer la végétation; on n'y peut même tenir les jardins dans un état de propreté convenable. Au contraire, avec une terre légère, fertile, suffisamment humectée, on aura une propriété agréable en toute saison. Le jardin ne sera jamais trop humide. Il pourra toujours être facilement entretenu, les allées y seront plus constamment abordables, les pelouses verdoyantes. Cette nature de sol est la meilleure pour les fleurs, les légumes et les fruits.

La superficie du sol ne doit pas seule attirer l'attention de l'amateur, car l'influence de la couche inférieure se fera toujours sentir sous la couche supérieure. Un sol argileux, ou bien reposant sur du gravier, exercerait une influence souvent défavorable sur les racines des plantes; tandis qu'un sol avantageux simplifie tous les travaux.

Pour la construction d'une maison, il est important de choisir un terrain sec et découvert, où les fondations soient à l'abri de l'humidité.

Ce choix évitera des frais souvent considérables d'épierrement et de drainage.

Ces considérations ne peuvent s'appliquer qu'à un jardin d'agrément et à un site de résidence; car pour les travaux de l'agriculture une terre plus forte serait préférable.

Approvisionnement d'eau. — La facilité d'approvisionnement d'une eau pure est encore une des grandes considérations qui doivent guider l'amateur dans le choix d'une résidence.

Le manque d'eau de source sera toujours un défaut grave dans une propriété rurale, bien qu'on puisse y remédier, dans une certaine mesure, en recueillant et filtrant l'eau de pluie. Dans les faubourgs d'une ville, la qualité de l'eau est souvent altérée dans les bassins de retenue et les tuyaux de conduite. Les propriétaires privés d'eau de source doivent s'occuper avec soin de la qualité et de la quantité d'eau que les puits peuvent donner. On ne saurait notamment trop leur recommander la construction de citernes, destinées à recevoir les eaux pluviales qui tombent sur les bâtiments d'habitation, aussi bien que sur les communs. Les citernes sont d'un usage général en Belgique, en

2

Hollande. Il est toujours aisé, même dans les moindres propriétés, de dissimuler cette installation utile sous des massifs d'arbustes à verdure persistante.

On ne saurait trop rechercher l'avantage d'avoir toujours avec certitude une eau saine et abondante. C'est là, il faut le dire, l'une des grandes supériorités des climats tempérés, au point de vue de l'horticulture, sur les climats chauds, où l'approvisionnement d'eau est presque toujours insuffisant et capricieux, ou fait habituellement défaut, précisément à l'époque où il serait le plus nécessaire (pendant l'été), à cause de la nature torrentielle des ruisseaux et même des rivières. Cette disette d'eau annule en partie les grands avantages qu'a le Midi sur le Nord, sous le rapport de la lumière, condition si essentielle de succès pour la végétation. Avec de l'eau, il n'est pas de terre stérile dans le Midi.

Forme du domaine. — Un terrain d'une forme régulière sera toujours préférable. Il est plus facile à enclore, et nécessite un moindre développement de clôtures, ce qui laisse plus d'espace et donne moins d'ombre.

Il faut éviter de s'installer sur une bande de terre longue et étroite, sauf dans certaines conditions de site et d'exposition tout à fait exceptionnelles, comme sur des pentes au bord de la mer.

Un jardin dans de bonnes conditions doit avoir une forme à peu près oblongue, présentant la plus grande longueur au Nord et au Sud, et d'un tiers environ plus longue que large. Cette forme est surtout la plus avantageuse pour les jardins établis dans le style géométrique, ou jardins français.

Dans ceux du genre irrégulier, un peu moins de symétrie dans la configuration n'est pas à redouter. Si là partie méridionale offre un plus grand développement, cette irrégularité profite à l'agrément du domaine, car c'est alors des fenêtres principales qu'on jouit de la perspective la plus vaste.

Pour une propriété de très-médiocre étendue, la meilleure forme sera celle d'un triangle, ayant sa base tournée vers le Sud. Si l'on peut y disposer les entrées par le côté Nord, on gagnera d'autant plus d'espace dans la partie méridionale, et l'aspect général en profitera beaucoup. Il faudra surtout éviter que la vue des principales fenêtres porte sur les parties les plus étroites, car l'effet deviendrait très-mesquin.

Plus généralement, on devra toujours préférer la forme de terrain qui nécessite le moins de clôtures, donne un accès libre à la grande entrée, et va s'élargissant du côté principal de la maison; cet agencement offrira toujours l'avantage d'une perspective plus dégagée, plus intéressante.

Conseils spéciaux sur l'orientation de l'assiette d'un domaine. — Quand on est attaché à une contrée déterminée, par des intérêts ou des souvenirs, il ne reste guère de latitude pour le choix du climat.

Cependant les personnes habituées à observer les variations de température savent que dans un rayon de quelques myriamètres, autour d'une même ville, cette température peut varier sensiblement, suivant les conditions si variables d'orientation et d'abri.

Quand un amateur de jardins est contraint de s'établir dans le voisinage immédiat d'une ville, surtout d'une ville manufacturière, ou généralement de grandes usines, il fera bien de s'enquérir soigneusement, au préalable, de la direction dans laquelle le vent souffle le plus fréquemment, et de s'orienter en conséquence pour se préserver, autant que possible, de l'inconvénient de la fumée et des odeurs. — Les terrains situés sur des collines sont plus à l'abri de ce genre de désagrément que ceux des vallées. — En général, le côté sud d'une ville est naturellement le plus chaud, les côtés ouest et nord-ouest sont les plus sains. Cette règle, toutefois, comporte d'assez nombreuses exceptions locales.

Dans nos climats du nord, l'inclinaison de terrain incontestablement préférable est celle tendant vers le

sud-ouest. Cette exposition est plus saine, plus gaie,
mieux appropriée pour la culture des plantes, moins
humide et plus chaude qu'aucune autre.

Sous toutes les latitudes imaginables, une résidence
n'a d'agrément qu'en proportion des facilités d'abri.
Une suite de collines courant au nord, nord-est et
nord-ouest, offrira toujours, dans nos climats, une
température relativement favorable. Ces hauteurs pro-
tégeront la maison et le jardin contre les vents malsains et désagréables, sans gêner l'action bienfaisante
du soleil dans certains moments de la journée, dans
certaines parties de l'année. On sait que les vents les
plus malfaisants sont du nord-est et du nord-ouest.
Un vent du nord franc est rarement violent, et ceux
du sud-ouest, quoique souvent dangereux par leur
impétuosité pluvieuse et persistante, sont rarement
malsains. Les massifs de grands arbres sont contre
les vents du nord un abri préférable encore à la plupart des collines. Mais les plantations de ce genre
s'élèvent lentement, et il est bien précieux d'en trouver de toutes venues sur le domaine où l'on s'établit.
On ne doit jamais craindre de rencontrer une trop
grande quantité d'arbres, car rien n'est plus facile
que de les élaguer au besoin, de les transporter s'ils
sont jeunes, ou d'y pratiquer des percées sur de beaux
points de vue, où ces massifs figurent admirablement

en premier plan. Les grands et beaux arbres donnent toujours bonne apparence à un jardin, quelle que soit sa dimension. Ils masquent les points désagréables, embellissent les lignes, soutiennent les nouvelles plantations, tout en donnant un ombrage agréable.

Principes généraux de décoration paysagère. — Quel que soit l'objectif principal de notre villa projetée, que ce soit la vue du jardin lui-même ou celle de la campagne, d'une rivière, d'un lac, de la mer ou de montagnes éloignées, on pourra toujours s'en emparer mieux, en jouir plus commodément, si l'habitation est située sur une légère éminence. Quant au jardin lui-même, vu de la maison, il doit s'élever en pente douce à mesure qu'il s'en approche; il paraîtra ainsi plus grand et donnera aussi à l'habitation une apparence plus importante, tout en dégageant la vue du paysage.

Ceci sera mieux compris par l'examen de la

Fig. 2.

figure **2,** qui représente une pièce de terre d'une forme

entièrement convexe avec une maison à son sommet. Si le terrain est ondulé, comme dans la figure 3, l'aspect sera encore plus agréable.

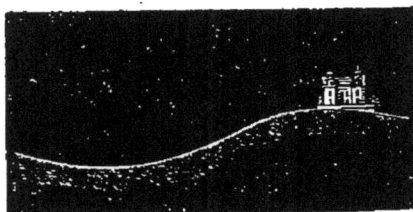

Fig. 3.

Il faut, en général, que le mouvement du terrain soit ménagé avec le plus grand soin; que la pente soit bien adoucie et sans inégalité. Une des précautions les plus importantes est la réserve d'une bonne plate-forme bien disposée, formant en quelque sorte le piédestal de la maison. Cette assise donnera de suite meilleur aspect aux constructions, et diminuera notablement les frais de terrassement et de fondations.

La vue de l'eau, qui ajoute tant à l'agrément d'une propriété, doit être généralement prise d'un point élevé (notamment, s'il est possible, du seuil même de l'habitation), surtout quand la pièce ou le cours d'eau ont une certaine valeur. Il est d'ailleurs toujours plus sain et plus agréable d'être à une cer-

taine hauteur au-dessus du niveau de l'eau, et cette
disposition donne tout d'abord au jardin l'aspect d'une
vallée.

Il ne faut pas craindre de mélanger à la vue de la
campagne celle des maisons environnantes, des
bâtiments publics, des édifices religieux, quand
l'aspect en est agréable et bien relié. On devra au
contraire dissimuler avec soin les alignées de maisons
régulières ou groupées de façon disgracieuse. La vue
d'une ville sur un terrain plat n'est jamais agréable,
et doit toujours être cachée avec le plus grand
soin. En revanche, l'animation d'une rivière ne
peut qu'ajouter à l'agrément d'un domaine. Il faut
que l'art vienne, sans se trahir, aider la nature, et
que ces divers points de vue, édifices publics ou
privés, cours d'eau ou monts lointains, apparaissent
gracieusement accompagnés ou encadrés de massifs
d'arbres et de plantations.

Spécimen d'habitation de campagne. — Dans
nos climats peu favorisés du soleil, la façade principale de la maison, comme celle du jardin, doit incliner
au sud-est autant que possible ; ce qui laissera libre
le côté du nord-est pour l'entrée. D'après cet arrangement, un petit salon et une bibliothèque donneraient
du côté du sud-est ; le salon, au sud-est et à l'ouest ;
la salle à manger, au nord-est et à l'ouest. Si la cuisine

et les offices sont en sous-sol, disposition qu'on ne saurait trop recommander, on devra leur réserver le côté nord-est de la maison : là aussi devra se trouver la cour, communiquant avec le potager.

La meilleure situation pour une maison semblable, est une petite éminence descendant en pente douce au midi. On pourra alors, en arrivant par une rampe légèrement inclinée, découvrir le paysage tout entier; l'aspect de la maison elle-même, dans ces conditions, sera plus avantageux. Ainsi qu'on vient de le dire, la meilleure exposition, dans nos latitudes du nord, est celle du sud-est; celle de l'est serait toujours froide, et exposée à des vents froids et violents. Il importe de réserver le côté du Nord pour la salle à manger, parce qu'on arrive ainsi à éviter le soleil à toutes les heures des repas.

Au surplus il est difficile de donner des principes généraux sur ces distributions intérieures, au sujet desquelles on doit laisser une grande latitude au goût individuel et aux appréciations locales. Nous dirons cependant encore qu'une serre annexée à l'habitation devra toujours être installée de préférence du côté du couchant.

Nous croyons utile de joindre ici à titre de simple renseignement, un spécimen de maison sans aucune prétention architecturale, mais distribuée d'une façon commode, et de manière surtout à ne rien perdre des agréments de la campagne (figure 4).

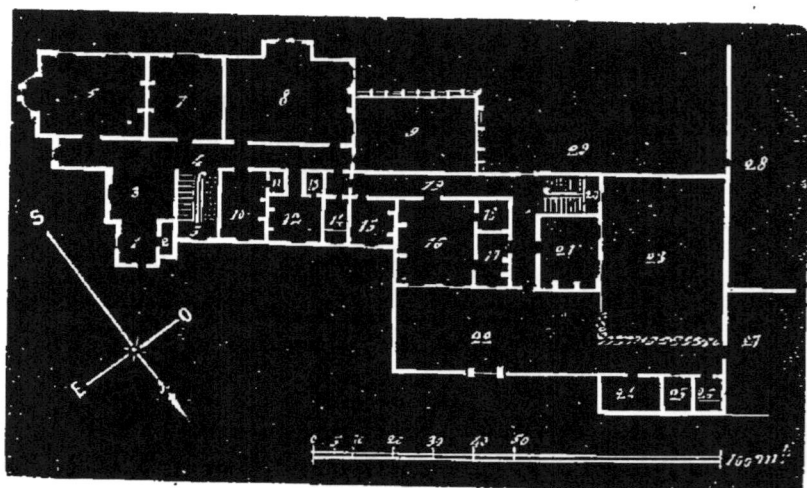

Fig. 4.

Dans ce plan, l'entrée principale est au nord-est sans aucune fenêtre importante de ce côté. Le vestibule (1) fait une saillie suffisante pour qu'une voiture puisse en approcher avec facilité. La salle (3) est éclairée par une fenêtre au sud-ouest, ce qui la rend gaie ; une cheminée fait face à l'entrée. Elle s'ouvre sur un corridor (4) conduisant aux principales chambres ; elle a une grande fenêtre donnant sur le jardin, et en face une porte vitrée conduisant à la serre. Ce corridor, situé à peu près au centre de la maison, mène à l'escalier (5). Le salon, placé au 'midi, loin des offices et près de la porte d'entrée, a une grande fenêtre sur le jardin, au soleil couchant, et deux autres fenêtres au sud-ouest. La bibliothèque (7) est auprès du salon, avec fenêtre au sud-ouest ; tandis que la salle à manger (8) est située plus loin de l'entrée, dans le voisinage de la cuisine et des offices. La principale fenêtre est au sud-ouest, il y en a deux plus petites au nord-est, dont l'une donne sur la serre (9). Cette pièce, ainsi exposée, sera gaie au soleil levant, et fraîche le soir. La porte du corridor dans la serre peut aussi mener au jardin.

[La cour intérieure doit être suffisamment grande pour qu'une charrette y puisse tourner avec facilité. Cette cour donne accès au séchoir en plein air (23) qui a une haie sur le côté droit de la cour. Le bûcher et autres dépendances, sont placés dans un coin de la cour intérieure où ils peuvent être mieux dissimulés. Les numéros 27, 28 et 29, correspondent à une cour de débarras, au potager et au jardin.

Des communs. — Enfin, les communs doivent toujours être éloignés de la partie principale et ornementale du jardin, et rapprochés de l'entrée de service. Le choix et l'emplacement de cette deuxième entrée, si nécessaire dans toute *villa* un peu confortable, présente souvent des difficultés.

Quand on arrive à la maison par le côté nord, il est facile de ménager des issues séparées ; mais quand on aborde par le côté sud qui doit être la partie réservée, on ne pourrait que gâter cette façade en la divisant. D'ailleurs ces entrées du même côté auraient toujours l'inconvénient de troubler la tranquillité du jardin, par les allées et venues des gens de service, des fournisseurs, etc. C'est aussi un grand inconvénient d'avoir les abords de l'entrée principale obstrués par le bois, le charbon, et autres objets prosaïques. Cependant, si cette entrée particulière ne peut être autrement placée qu'au midi, il faudra en ménager l'accès au moyen d'une petite allée particulière dissimulée par des massifs et se dirigeant vers le potager.

La figure 5 ci-jointe est une nouvelle esquisse d'habitation conforme aux indications ci-dessus.

Dans ce plan, l'étendue totale du domaine supposé est de 3 hectares environ, mais l'application pourrait en être faite dans un espace plus restreint. Il est côtoyé par une route publique au nord-ouest. Le terrain sur lequel s'élève la maison est uni et s'abaisse ensuite vers le sud-est. On a la vue de la campagne au sud et à l'est, avec des percées au sud-est et au nord-est. Ci-joint le détail des principales indications numérotées :

Maison (1); offices (2); serre (3); cour intérieure (4); séchoir (5); cour au fumier (8); la cour d'écurie (9); écurie (14)

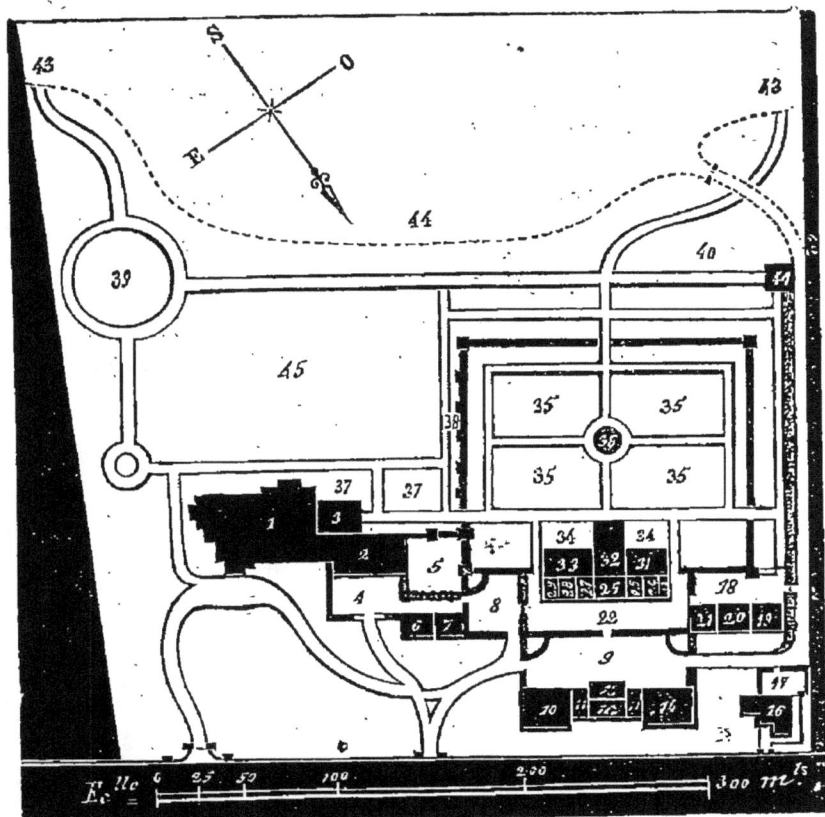

Fig. 5.

logement du jardinier (16); étable (19); pigeonnier (20) et poulailler (21); cour du jardin (22); buanderie (23). Dans ce plan,

que nous empruntons à un ouvrage anglais, on a oublié un détail
essentiel, la citerne pour recevoir les eaux pluviales, communiquant avec la buanderie. Potager (35) ; petit jardin d'hiver (39) ;
collections de rosiers (40). Route conduisant des communs dans
une culture dépendant du domaine (42) ; allée entourant cette
culture avec des plantations espacées (43) ; clôture qui la sépare
du jardin proprement dit (44).

On voit d'après cette esquisse tout le parti qu'on peut
tirer d'un petit espace quand on sait en faire un bon
emploi ; et comment les parties diverses du domaine
peuvent être indépendantes, tout en s'harmonisant de
manière à former un ensemble homogène. Sur la principale arrivée de la maison, s'ouvre un embranchement
qui se dirige vers les écuries et la maison du jardinier.
Le séchoir est clos par une haie sur laquelle l'on peut
étendre le linge. Dans le potager, on réserve un espace pour les couches, dans une exposition telle, que
l'ombre des murs ou des bâtiments ne puisse l'atteindre. Cette partie du jardin doit être separée de la cour
simplement par une haie. Une issue de dégagement
pour les charrettes, issue dont la nécessité s'indique
d'elle-même, complétera les facilités de communication.

La position de la cour d'écurie, au nord de la maison, est convenable de toute manière ; c'est celle qui
brave le plus sûrement les mauvaises odeurs. Il faut

aussi observer que, dans ce plan, les écuries sont juste
en face du potager, de sorte que, placée au point cul-
minant, l'horloge de ce bâtiment des écuries se voit
du milieu. Les étables et les communs sont au sud-est :
c'est l'exposition la plus salubre. Toutes les facilités
pour l'assemblage et la distribution des fumiers se
trouvent convenablement prévues dans l'arrangement
proposé.

Les murs, ainsi qu'on peut facilement le compren-
dre, serviront à deux fins. Celui du sud-est et du nord-
est dans le potager peut être utilisé par des espaliers
sur les deux côtés, et le revers du sud-ouest disparaî-
tra sous des plantes grimpantes du côté du jardin de
plaisance.

La disposition de la maison du jardinier au nord a
le double avantage d'abriter la propriété dans cette
direction, et de placer ce domestique à portée de sa
tâche habituelle.

En proposant ces spécimens d'habitation aux amateurs, aujourd'hui si nombreux, de l'art des jardins,
nous n'avons pas assurément la prétention de poser
des règles immuables, mais nous pouvons affirmer
qu'en se rapprochant le plus possible de nos indications, on évitera bien des déceptions et des contra-

riétés ; car nous n'avons fait que résumer des préceptes fondés sur l'expérience des plus habiles jardiniers paysagistes et architectes.

Fig. 6. ACANTDUS LUSITANICUS

LIVRE II

CE QU'ON DOIT ÉVITER (RÈGLES NÉGATIVES).

Quand on appelle un médecin auprès d'un malade, la première indication qu'il lui donne est celle des choses dont il aura à s'abstenir comme pernicieuses. Souvent ce traitement négatif suffit pour rétablir la santé, et dans tous les cas, il concourt utilement à l'effet des remèdes.

De même, avant de préciser quelques-unes des meilleures règles à suivre dans l'établissement et la culture des jardins, nous croyons devoir indiquer, au moins sommairement, les principales erreurs qu'il importe d'éviter.

Défaut d'éclectisme. — L'une des plus grandes erreurs dans lesquelles on puisse tomber en créant un jardin, c'est de vouloir y mettre à la fois trop et de trop grandes choses. Faute d'éclectisme, on n'arrive à un tout qu'après de nombreux tâtonnements, et encore on n'a pas su toujours prendre le meilleur

3

parti. L'amateur qui n'a pas son plan d'ensemble bien déterminé d'avance, se laisse séduire par des projets qui ne peuvent convenir ni à l'emplacement, ni à l'effet général. La copie réduite de ce que l'on admire dans le parc d'un voisin, fera inévitablement le plus piteux effet dans un modeste jardin. Cette manie malheureusement trop fréquente, parce qu'elle tient à un travers de l'esprit humain auquel on n'a pas encore trouvé de remède, entraîne forcément à diviser une propriété en petites fractions, ce qui est toujours fâcheux, et d'ailleurs va directement contre le but qu'on se propose. On s'amoindrit en voulant se grandir.

Il y a bien des moyens ingénieux d'atténuer les défauts ou d'ajouter à la beauté d'un emplacement. Il faut, nous ne saurions trop le redire, méditer longuement, arrêter son plan général, ensuite ne plus s'en écarter ; car c'est là une faute souvent irrémédiable, et l'imitation servile d'une grande propriété, quand on n'en possède qu'une petite, ne peut conduire qu'au ridicule.

Un autre excès qui tient à la même cause, et qu'il faut de même éviter avec soin, est la profusion des plantations. Cet encombrement dans un jardin de médiocre étendue, n'est bon qu'à lui donner une apparence triste et mesquine. Sans doute les arbres et les arbustes sont l'ornement le plus agréable d'une propriété, mais il faut pour cela qu'ils soient groupés, répartis avec art, de manière à donner un ombrage agréable sans nuire à la vue, aux gazons ni aux allées. Un petit jardin trop chargé d'arbres ne sera jamais agréable.

On ne doit pas non plus oublier qu'un endroit où l'air, le soleil ne peuvent circuler librement, sera toujours malsain et humide. Cette observation s'applique aux arbustes, aux buissons, même aux massifs de fleurs, aussi bien qu'aux grands arbres.

Il est aussi bien essentiel que les abords immédiats de l'habitation ne soient pas trop encombrés d'arbres et d'arbustes d'une certaine hauteur. C'est ce qui arrive presque toujours, quand on fait des plantations sans calculer l'importance de leur développement futur, et l'on arrive ainsi à rendre une demeure obscure et humide. Il faut cependant employer quelques massifs d'arbres et d'arbrisseaux touffus pour dissimuler les offices, les communs, etc., ou encore pour masquer les irrégularités d'une ancienne demeure que l'on conserve; mais toujours il faut ménager un certain espace au pied des constructions.

En multipliant par trop les plate-bandes, les petites touffes de fleurs ou d'arbustes de serre, on nuit encore à l'effet général. De plus on se crée le désagrément d'avoir de grandes plaques de terrain absolument nues, pendant plusieurs mois de l'année. Une propriété ainsi organisée aura toujours l'air d'un jardin d'enfant.

Des clôtures trop prodiguées détruiront aussi l'harmonie. Elles ne doivent être employées que pour détacher des parties de divers aspects. Sous ce rapport, le système des haies basses est moins fâcheux qu'aucun autre, parce que ce genre de clôtures se relie mieux à la végétation environnante, et se fait moins remarquer. Mais toutes les divisions doivent toujours s'accorder avec les lignes principales. Ce principe, dont il importe de tenir compte, même dans une grande propriété, devient d'une application rigoureuse dans une petite.

On ne saurait trop recommander également d'éviter, dans un domaine d'étendue médiocre, la multiplicité des allées, comme aussi l'encombrement des ornementations factices, telles que sculptures, statues, vases, berceaux, etc. C'est une manie trop répandue, et du plus mauvais goût, d'accumuler dans un petit espace des décorations qui ne doivent être employées qu'avec une sobriété extrême, même dans un grand parc. Cette manie est surtout fréquente dans les habitations de plaisance situées aux abords des grandes villes.

Il faut aussi beaucoup d'art pour disposer convenablement un monticule artificiel, et d'autant plus d'art que la propriété sera plus petite. Il importe que

cette éminence ne. soit pas trop haute par rapport à
l'étendue de la propriété; qu'elle ne nuise pas à la
perspective, et surtout qu'elle ait sa raison d'être, en
conduisant à la surprise d'un joli point de vue. Enfin,
le voisinage immédiat de l'habitation doit ressembler
à une corbeille de fleurs.

Abus des rochers, des antres factices, etc. —
L'une des manies dont les propriétaires de jardins,
de petits jardins surtout, doivent se défier le plus, c'est
celle des rochers, des grottes artificielles, surtout
dans le voisinage immédiat de la maison. Sans doute
on peut et l'on doit ménager, même dans de petits espaces, quelques emplacements ombragés pour des rocailles ornées de fougères.

Mais les rochers composés de coquillages, de scories,
de porcelaines ou autres matériaux artificiels seront
toujours du plus mauvais goût. Quelques pierres de
dimensions et de qualité convenables, disposées le long
de la base d'une maison et paraissant faire corps avec
sa fondation, peuvent être quelquefois d'un effet pittoresque, surtout s'il existe une certaine harmonie entre ces
matériaux et la nature géologique du pays. Mais tout
cela doit être arrangé avec beaucoup de discernement
et d'intelligence. On doit admettre, comme principe
général, que les imitations, sur une échelle micros-
copique, des grands caprices pittoresques de la nature,

Fig. 7. DICKSONIA SQUARROSA. (Voir *Fougeraie*.)

sont souverainement contraires aux principes d'harmonie qui doivent régir l'ensemble d'une propriété. Nous ne serions pas éloigné de les bannir même des plus grands parcs; à plus forte raison des petits jardins. En effet, de deux choses l'une : ou ces jardins sont situés dans un pays plat, et alors de telles fantaisies, renouvelées des Chinois; font le contraste le plus choquant avec l'effet général des alentours. Si au contraire le relief du sol est montueux, la nature y présente d'elle-même des saillies, des anfractuosités, dont le caractère grandiose fait ressortir impitoyablement la mesquinerie puérile de semblables contrefaçons.

Des raisons analogues nous engagent à proscrire d'une façon absolue, dans les jardins d'étendue médiocre dont il s'agit spécialement ici, les tours et autres bâtiments à prétentions architecturales, dont le style est en flagrant désaccord avec celui de l'habitation principale.

Rôle de la végétation autour d'une maison de campagne. — Nous l'avons dit déjà, mais on ne saurait trop le redire, de trop nombreuses plantations aux abords immédiats d'une demeure en altèrent les lignes, les proportions. Une maison construite avec goût doit déjà produire un bon effet par elle-même. Le rôle de la végétation qui la soutient et l'accompagne, si intéressant qu'il puisse être, doit rester secondaire, pareil

à celui que remplit en musique l'orchestre, soutenant
et faisant valoir une belle voix.

De ce principe, dont on ne saurait trop se pénétrer
quand la propriété est entièrement à créer, la maison
à bâtir, il résulte virtuellement que l'importance de
l'accompagnement végétal doit croître en raison de la
simplicité extrême de la maison, des irrégularités
d'une construction ancienne, que pour un motif ou pour
un autre, on tient à conserver, et dont on doit s'attacher à déguiser les défauts.

Rangées d'arbres symétriques. — Les arbres
symétriquement alignés sont du plus mauvais effet
dans les petites propriétés. Il faut éviter aussi de placer des groupes d'arbres compacts au centre d'une
propriété de ce genre. Un tel encombrement la prive
d'air, de soleil, et lui retire toute animation. Un jar-
dinet ainsi obstrué a l'air d'une prison dont l'intérieur
ne peut être vu par personne, mais d'où l'on ne peut
rien voir non plus.

. Rien n'est plus monotone encore qu'une plantation
dont les arbres sont tous de même hauteur, de même
espèce, de même forme. Toute variété d'effet devient
alors impossible, et aucune illusion n'est permise sur
l'étendue de la propriété; ou plutôt elle s'en trouve
sensiblement amoindrie et attristée.

Ces divers désagréments peuvent presque toujours

être évités. Il est rare qu'une propriété ne puisse prendre vue sur la campagne. Si cela pourtant n'était pas possible, on pourrait toujours y remédier en plantant des arbres de diverses essences, de grandeur, de formes et de nuances variées, et en conservant ceux déjà tout venus dans de semblables conditions.

On ne saurait trop lutter, de près comme de loin, contre ce fâcheux inconvénient des plantations symétriques, qui poursuit l'amateur de jardins dans tous les pays civilisés.

La figure ci-jointe (*fig.* 8) nous montre une de ces

Fig. 8.

lignes d'arbres semblables de taille et d'espèces, comme on en voit souvent aux confins des petits parcs. Le dessin (*fig.* 9) nous apprend la manière de rompre cette ligne et de la diversifier, en employant quelques buissons tels que des épines ou du houx.

Le même défaut apparaît, moins désagréable toutefois, sur un terrain ondulé dans le dessin (*fig.* 10), et

Fig. 9.

la manière d'y remédier est indiquée dans le suivant

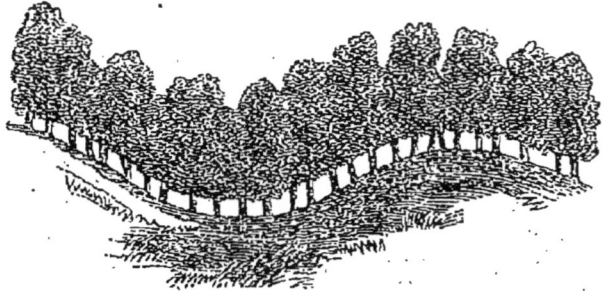

Fig. 10.

(*fig.* 11) où les arbres sont disposés en massifs selon le

Fig. 11.

mouvement du terrain.

Des murailles. — Une propriété entourée de murs trop élevés a toujours une apparence triste et désagréable. Les murs donnent plus d'ombre encore que les arbres; on doit éviter ce genre de clôture, à moins d'absolue nécessité. Alors il faudra au moins adoucir la dureté de ces lignes, au moyen des massifs d'arbres et de buissons, couvrir ces murs de lierres et autres plantes grimpantes, ou les masquer par des charmilles.

Jardins ouverts. — Les inconvénients d'un jardin trop ouvert ne sont pas moindres que ceux d'une propriété close trop hermétiquement.

Ces inconvénients de diverse nature sont trop bien connus pour que nous nous donnions ici la peine de les exposer en détail. Il n'est personne qui ne sache que dans une propriété ouverte, on est à la merci des voisins, des passants, dont l'indiscrétion va souvent très-loin en fait de belles fleurs, et surtout de bons fruits. Restant sur le terrain de l'esthétique horticole, nous dirons avec Kemp « qu'un jardin trop ouvert, trahit son peu d'étendue ; qu'on y distingue souvent trop en détail les grandes routes et les bâtiments voisins ; il expose aux regards la vue de la campagne sans la ménager avec goût. »

Dans une propriété si mal disposée, on aura aussi à craindre davantage l'effet du vent, l'invasion de la poussière, si désagréable aux hommes et si nuisible aux plantes, etc.

Respect des beaux arbres. — Quand on opère sur un terrain déjà planté, c'est avec la plus grande circonspection qu'on devra abattre ou déplacer de beaux arbres. Ce principe est aussi important, aussi sacré pour les plus fastueuses propriétés que dans les plus humbles domaines.

Depuis la fin du siècle dernier, la destruction de ces magnifiques futaies que les siècles avaient eu autant de peine à créer que la nationalité française elle-même, a été l'une des fautes les plus graves, les plus irréparables de l'anarchie révolutionnaire et des gouvernements qui l'ont suivie.

Confusion des genres. — On devra aussi se garder de mélanger les styles différents dans un jardin. La confusion des genres simple, composé, pittoresque sera toujours d'un mauvais effet. Les choses qui ne peuvent former un ensemble agréable sont toujours à éviter.

Excès de régularité. — Une régularité parfaite n'est pas admissible dans un petit jardin. Les lignes droites ont besoin d'espace pour se développer, et les objets réguliers, de grandeur pour développer leurs proportions.

Un jardin régulier paraîtra toujours plus petit, et offrira toujours moins d'intérêt et de variété. Ce style ne convient que dans les grands parcs, dans certains squares, ou dans les propriétés situées sur des bandes de terrain étroites, où l'on ne saurait inscrire aucune courbe agréable.

Décorations symétriques. — Un système de décoration d'une régularité géométrique ne fera jamais bon effet, à moins qu'il n'embrasse le jardin tout entier ; dans ce cas même, les lignes devraient en être aussi simples que possible.

Des plate-bandes, dessinées symétriquement sur le devant d'une maison, ne devront couvrir qu'un espace relativement restreint ; autrement, elles diminueraient l'effet général. Si cependant un espace suffisant justifiait le choix de ce style, les allées, les plantes devraient être disposées de manière à laisser autant de vue que possible.

Une allée de ce genre ne devra pas être accompagnée de lignes d'arbres. Il faut y laisser le champ libre aux teintes variées de l'ombre, du soleil. En général, il faut rester dans un milieu heureux entre la nudité et la trop grande confusion ; entre de trop nombreux mouvements de terrain, ou une surface trop plate. Cette dernière forme ne convient que pour le genre régulier, et pas du tout dans le genre dit anglais, toujours préférable pour les petites propriétés.

Aujourd'hui encore, bien des propriétaires commencent par niveler d'une façon absolue leur terrain avant de commencer le jardin. Cette méthode est mauvaise; il faut au contraire respecter et augmenter avec intelligence les ondulations naturelles du sol.

Il est de bon goût de ne pas prétendre dans une petite propriété à des effets par trop fastueux. Par exemple, une allée intérieure carrossable, qui conviendrait à travers un grand parc, ne fera jamais bon effet dans un simple jardin. Elle y usurperait un trop grand espace; et la couleur du gravier est bien moins agréable à l'œil que la verdure du gazon.

Quand la maison est contiguë à la grande route, une cour d'entrée avec une allée de forme ovale autour d'une pelouse décorée de quelques arbres verts d'essences robustes et variées, de massifs de rhododendrons ou plantes vivaces, et de plantes grimpantes sur les murs, sera toujours d'un heureux effet.

Potagers et vergers. — L'adjonction d'un potager, d'un verger à une propriété de médiocre étendue, ne doit se faire qu'après mûre réflexion; non-seulement, comme toujours, sur le choix de l'emplacement le plus favorable, mais sur une question préalable qu'on a souvent le tort de négliger.

Le domaine peut être assez restreint, les circonstances locales peuvent se présenter de telle façon que l'on puisse se dispenser sans inconvénient, ou

même avec un notable avantage, de l'établissement
et de l'entretien d'un potager, d'un verger, ou même
de tous les deux. Comme l'a dit un judicieux horticulteur anglais, pour cette installation spéciale, « un
simple coin de jardin ne peut suffire. Un potager, un
verger n'ont de raison d'être que si l'on peut leur con-
céder un espace assez vaste pour obtenir des légumes
et des fruits en quantité assez grande pour suffire au
moins en grande partie à l'approvisionnement domestique; sans quoi le profit et l'agrément ne compense-
raient certainement pas les dépenses d'installation et
d'entretien. » Il en est tout autrement dans les propriétés d'une certaine importance; là, l'horticulture utile
joue un grand rôle. Elle peut même, comme nous aurons occasion de le dire plus tard, concourir plus qu'on
ne pense généralement à l'ornementation du domaine.
Bien des gens estiment que les potagers des particuliers
coûtent plus qu'il ne rapportent, même dans les plus
grandes propriétés. Telle était, du moins, l'opinion bien
arrêtée d'un souverain français qui passait pour en-
tendre supérieurement toutes les questions d'économie
domestique. Il avait l'habitude de dire « qu'il n'y avait
pas de potager et de verger plus économique que la
halle de Paris. » Notre expérience personnelle nous a
convaincu que cette opinion ne saurait être admise
qu'avec réserve, aujourd'hui surtout. Indépendamment

du plaisir naturel qu'on trouvera toujours à consom-
mer, à offrir des légumes et des fruits de son jardin,
fussent-ils mauvais, nous croyons qu'un potager bien
placé, bien conduit, doit rendre au bout d'un certain
temps plus qu'on ne lui a donné. Nous verrons aussi
que le *verger* peut être lié au jardin d'une manière très-
agréable au lieu d'en être éloigné. Sous ce rapport,
l'usage à peu près général aujourd'hui pourrait être
modifié utilement.

Fig. 12. BRASSICA SINENSIS Var. (Voir page 136.)

LIVRE III

BUT A ATTEINDRE (RÈGLES POSITIVES).

En proposant ces règles pour l'installation d'un jardin, nous n'avons pas la prétention de n'en omettre aucune. Nos conseils, empruntés aux meilleurs auteurs des écoles française, anglaise et allemande, ne devront être appliqués d'ailleurs qu'avec une flexibilité intelligente, en tenant compte des convenances particulières, et des circonstances locales. C'est précisément dans ce détail d'appropriation des règles générales à la pratique, que consiste l'art du dessinateur de jardins. Un observateur intelligent distinguera bien vite un travail raisonné, homogène, de celui qui n'est que l'œuvre du hasard et d'un caprice inexpérimenté. Il y aura toujours entre les deux la même différence qu'entre un tableau de maître et une ébauche confuse d'écolier.

4

CHAPITRE PREMIER

PRINCIPES, GÉNÉRAUX

Simplicité. — La simplicité est le premier but auquel doit tendre l'artiste paysager. Dans un petit espace surtout, trop de prétention serait insipide ; mais un dessinateur de talent saura allier cette belle simplicité à l'animation et à l'élégance. Par exemple, dans une petite propriété d'étendue restreinte, une simple allée sans embranchement, menant de la porte d'entrée à la maison, et convenablement ornée d'arbres verts et de fleurs, sera préférable à une multitude de sentiers, sillonnant côte à côte un espace étroit, et qui feraient ressortir la petitesse du domaine, bien loin de la dissimuler.

Difficultés de détail. — De même, il ne faut pas dédaigner les difficultés qui se présentent dans l'application de l'art à certains arrangements ; car il est toujours intéressant de voir comment on pourra, ou comment l'on a pu les surmonter. Un jardin où rien n'est inattendu, qui reproduit invariablement des *poncifs* que tout le monde sait par cœur, a un cachet de monotonie insupportable. On pourrait appliquer surtout à Paris à certains dessinateurs ou entrepreneurs de jardins, reproducteurs trop infatigables d'un même type, ce qu'a dit un vaudevilliste moderne de ce restaurateur, « qui, pour tous les dîners, a le même turbot ! » La nouveauté, la diversité, constituent la vie, l'intérêt. La pratique de l'art des jardins serait, en vérité, quelque chose de trop facile, de trop banal, si les mêmes arrangements pouvaient être facilement reproduits partout, d'après un type immuable.

Confort. — L'ensemble des recherches d'élégance, de commodité dans l'aménagement et les installations, que les Anglais désignent sous le nom de *confort*, ne doit être négligé sous aucun prétexte, pas plus dans le jardin que dans l'habitation. Il faut toujours se souvenir qu'un jardin n'est pas seulement destiné à servir de point de vue, qu'il doit procurer d'autres jouissances. Les allées devront toujours conduire à leur but, sans détours manifestement inutiles, être sèches en hiver et ombragées l'été. La terre devra être bien drainée, la maison entourée de massifs bien entretenus, le potager situé dans le voisinage de la cuisine, dans des conditions telles, que les approvisionnements puissent se faire discrètement et sans difficulté. Il ne devra pas être non plus éloigné de la cour d'écurie, de manière à ce que le fumier puisse être facilement transporté. On ne doit pas non plus oublier le hangard pour les outils, les débarras; l'approvisionnement d'eau au moyen de puits, de pompes ou de citernes, la réserve d'allées spéciales pour la cuisine et l'office, un espace pour faire sécher le linge, etc.

Agencement. — L'agencement raisonné des installations est un des moyens les plus sûrs d'obtenir le confort. Le plan général doit toujours être calculé de manière à ce que chaque partie s'encadre le plus justement possible dans l'ensemble; on ménagera ainsi le terrain, on réduira les frais d'installation. Ainsi, par l'exacte combinaison des arrangements, le mur du côté nord d'un potager peut former la clôture d'une cour intérieure, tandis que l'autre côté de ce mur pourra recevoir des constructions légères.

Facilités d'isolement. — Un jardin est surtout agréable quand on y est bien chez soi, quand on peut s'y promener, travailler ou réfléchir sans être exposé à la vue du public. Cette tendance à une retraite, à une solitude momentanée, est conforme à la nature. C'est pour s'y conformer que bien des gens sacrifient le plaisir de voir à celui de ne pas être vus, s'abritant derrière de hautes murailles. L'un des tours de force de l'art des jardins consiste précisément à combiner ces deux avantages qui, au premier abord, semblent s'exclure; à s'emparer en quelque sorte de l'extérieur au moyen d'ouvertures, de percées intelligentes, sans

se laisser envahir toutefois, de manière à ce que l'a-
mateur soit pleinement chez lui, tout en jouissant
à sa volonté de vues agréables sur le dehors. Ceci
doit s'appliquer aux jardins de toute dimension. Tous
doivent être organisés de manière à pouvoir satisfaire
ce double besoin de retraite et d'expansion. Dans les
parcs les plus étendus, on devra réserver quelques
endroits retirés qui serviront à faire ressortir la grandeur de ce qui les entoure. L'un des artifices les plus
propres à donner aux jardins ce caractère complexe
d'animation et de discrétion, est l'habile combinaison
des allées et lignes courbes qui permet de varier les
aspects à chaque pas, et conduit insensiblement au but
sans qu'on l'aperçoive.

Unité. — L'unité d'ensemble qui paraît, au premier
abord, une chose facile à obtenir, est rarement bien
entendue. Rien n'est plus commun que de trouver dans
des jardins tenus avec le plus grand luxe, un fâcheux
amalgame de fabriques et d'objets artificiels; un mélange incohérent de tous les styles, une profusion
d'allées mal dessinées et faisant double et triple emploi; de plantes et d'arbustes, dont les feuilles et les
formes s'harmonisent imparfaitement. Un éclectisme
judicieux peut seul diriger l'amateur dans le choix
des ornements accessoires, comme du style de l'ensemble, des objets extérieurs dont il importe de

se réserver la vue, et de ceux qu'il est bon de dissimuler.

L'ordre, et le juste rapport des choses entre elles,
sont des lois naturelles qui ne doivent jamais être
négligées. Les contrastes peuvent quelquefois faire
bon effet dans un jardin, mais ils devront être ménagés
avec beaucoup d'intelligence. L'harmonie est la base
de tout ce qui est beau, de ce qui donne à l'esprit une satisfaction réelle, durable, et mérite par là
de fixer et de retenir l'attention. Un objet de pure
fantaisie peut présenter pendant quelque temps un intérêt quelconque, mais nécessairement éphémère.

Ornementations graduées. — L'une des plus puis-
santes ressources que l'art puisse déployer pour donner
un intérêt tout particulier au parcours d'un jardin,
même de petite dimension, c'est la progression insen-
sible d'agrément et, s'il y a lieu, de richesse dans le
décor. Ainsi dans une habitation arrangée avec goût,
l'élégance, le luxe d'ornementation vont en croissant
depuis l'entrée qui doit être la pièce relativement la plus
simple, jusqu'au salon, qui doit être la plus riche, la plus
soignée. — Les choses doivent se passer de même à
peu près, dans un jardin bien ordonné. L'extérieur doit
offrir pareillement au premier coup d'œil un aspect
simple, et se relier avec la physionomie générale du
pays. Tous les embellissements doivent se présente

ensuite, avec progression croissante à mesure qu'on
se rapproche de l'habitation, et c'est dans les alentours immédiats de celle-ci que seront disposées, sans
encombrement, les plus curieuses et les plus riches
plantations.

**Artifices de composition. Importance majeure
des premiers plans.** — Il existe divers moyens de
donner un caractère de grandeur apparente à un emplacement assez petit. L'harmonie, l'unité de plan
doivent puissamment y concourir. Parmi les procédés
les plus sûrs pour créer cette illusion, nous indique-
rons les sauts-de-loup dissimulés par les artifices de
terrassement; les percées accompagnées de plantations et de massifs, dont le tour devra être gazonné;
car un objet d'une seule couleur, et surtout d'une
teinte verte, semblera toujours plus important. Ainsi,
on arrive sûrement à cet effet en garnissant une allée
ouverte d'arbres verts, dont les branches, arrivant
jusqu'à terre, ne laissent pas apercevoir le sol. Dans
le même but, et pour la même raison, il importe que
les allées ne soient pas trop aperçues de la maison;
que leur sol soit continuellement dérobé à l'œil par
des accidents réitérés de verdure, des massifs de plantes de diverses hauteurs, et des combinaisons de terrassements. Dans la figure 13, nous voyons une
section d'allée venant de la maison, et traversée par

une allée creuse qui, de loin, ne s'aperçoit pas. Il est important de dissimuler, par des massifs d'arbus-

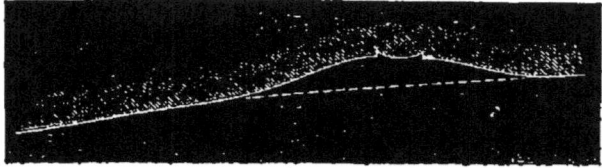

Fig. 13.

tes, l'ondulation marquée des lignes, qui permet la rencontre des deux allées.

Une allée creuse aura toujours un certain intérêt dans une propriété d'agrément. Elle aide à l'agrandissement factice, en assurant une promenade de plus, et dont on peut facilement prolonger l'étendue au moyen de courbes habilement ménagées. On y jouit aussi de plus d'ombre en été, de plus de chaleur en hiver.

Une des meilleurs manières de reculer les limites apparentes, est de les masquer adroitement par des plantations d'arbres et d'arbustes, principalement à verdure persistante; par des mouvements de terrain, ou en couvrant irrégulièrement les murs d'épines, de houx, ou autres plantes. Rien de plus disgracieux qu'un mur qui s'accuse franchement au regard, surtout quand il est élevé ; que des palissades de bois, ou des haies trop régulièrement taillées. Ces lignes régulières, uniformes dénoncent incessamment; les limites réelles. On peut en atténuer l'effet notablement par divers moyens ; mais cette question est importante et nous y reviendrons.

Il faut s'attacher à masquer de même, par des plantations de diverses natures, les objets extérieurs ou intérieurs dont la vue ne serait pas agréable. Ainsi, à défaut de grands arbres qu'on n'a pas toujours à point nommé, de jeunes plantations sur un plan plus rapproché suffiront pour faire rideau. Les arbres à verdure persistante, et principalement les conifères, en raison de leur densité, sont particulièrement propres à cet office. Mais il faut, là comme partout, tenir compte du développement que prendra la plantation, égayer la teinte un peu sombre des anciens conifères par le mélange d'espèces nouvelles d'une nuance moins forcée comme le *Cedrus Deodara*, le *Thuiopsis borealis*, *l'Abies excelsa.*, etc., (1).

Suivant les lois de la perspective, plus l'objet que nous voulons interposer entre nous et un autre est près de nous, plus sa surface nous paraît grande et haute.

L'application de ce principe de perspective se trouve dans la figure ci-jointe (fig. 15).

La ligne prise de la fenêtre comme point de vue, montre bien qu'un buisson placé à distance rapprochée remplira le même office qu'un grand arbre dans

(1) V. De Kirwan, *les Conifères*, même éditeur.

Fig. 11. CÈDRE DÉODARA (Voir page 57.)

une position plus éloignée. L'application est encore
plus frappante quand le sol s'élève dans la direction
de l'objet qu'on désire diminuer.

Des objets qui souvent seraient peu remarqués en

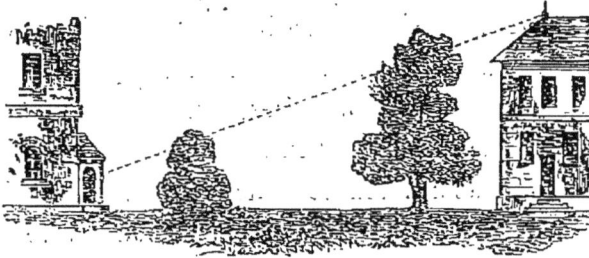

Fig. 15.

rase campagne, deviennent véritablement agréables
s'ils se présentent habilement encadrés dans les perspectives d'un jardin paysager. Dans cette condition, une
tour, une église, une ruine, une chaumière, un moulin
peuvent ajouter sensiblement à l'intérêt d'une propriété. Il n'est pas aussi facile de tirer bon parti, au
point de vue pittoresque, de l'aspect des constructions
que l'on nomme aujourd'hui « ouvrages d'art », et
notamment des arcades de pierre ou de brique.

On peut dire, en thèse générale, que l'effet d'un
mouvement ou d'un édifice quelconque adopté comme
point de vue, de même que celui d'une scène de paysage entière, dépend en grande partie du plus ou

moins d'habileté que le dessinateur aura déployé dans la disposition des premiers plans, dans la proportion et l'encadrement des percées, etc.

Le principe de diviser la vue d'un grand paysage, par des massifs irréguliers d'arbres ou de buissons disposés en premier plan, a besoin d'être développé.

Il y a peu de points de vue, sauf les panoramas de montagnes les plus grandioses, qui ne perdent de leur prestige, quand on peut en embrasser toute l'étendue au premier abord. Au contraire, quand on les découvre successivement, en détail, par des ouvertures bien préparées, bien graduées, aboutissant à une vue d'ensemble, l'intérêt, la curiosité vont toujours en croissant.

Les plantations qui occupent les intervalles entre ces ouvertures, doivent toujours être faites de manière à sembler purement naturelles. On y réussira par la combinaison des diverses lignes, le mélange des arbres verts et d'autres grands arbres, des arbustes, des buissons placés en avant; par l'heureuse opposition des formes et des couleurs.

Quand une vaste étendue d'eau, telle que la mer, une grande rivière ou un lac, forme le point de vue du côté principal de la maison ou de quelque partie du jardin, un premier plan irrégulier et boisé donnera toujours plus d'agrément et de valeur à l'aspect de l'eau. Sans doute cet aspect, celui de la mer surtout,

péut se suffire à lui-même dans certaines conditions
atmosphériques, à certains moments, par exemple dans
une belle soirée d'été. Mais il ne faut pas négliger
pour cela les effets toujours heureux, que produit la
combinaison d'une belle verdure avec l'eau. L'exécution de ce précepte sera toujours plus difficile quand
il s'agira de la mer, à cause des obstacles spéciaux
qu'oppose la violence des vents du littoral, à la croissance de la plupart des arbres. Mais si l'on parvient à
surmonter ces obstacles par de bonnes dispositions
d'abri et un choix intelligent de végétaux robustes,
on est largement payé de sa peine.

On peut citer, parmi les spécimens les plus remarquables de beaux effets produits par des arbres en premier
plan avec la mer au fond, les parcs d'Eu et de Sainte-
Marguerite (Seine-Inférieure), et le jardin de M. Thu-
ret, à Antibes, véritable Eden méditerranéen, auquel
nous aurons occasion de revenir dans l'autre volume.

Manières diverses de masquer les communs.
— Pour dissimuler les communs, les dépendances d'une
propriété, il est nécessaire d'avoir recours aux plantations ; cependant il ne faut pas qu'elles soient assez
rapprochées de la maison pour enlever du jour aux
fenêtres, ou donner de l'humidité. Les communs d'une
maison peuvent encore être masqués par des treillages
couverts de lierres, de bignones, de glycines, de chèvre-

feuilles (fig. 16, *Lonicera brachypoda*, var. *aureo-réticu-*

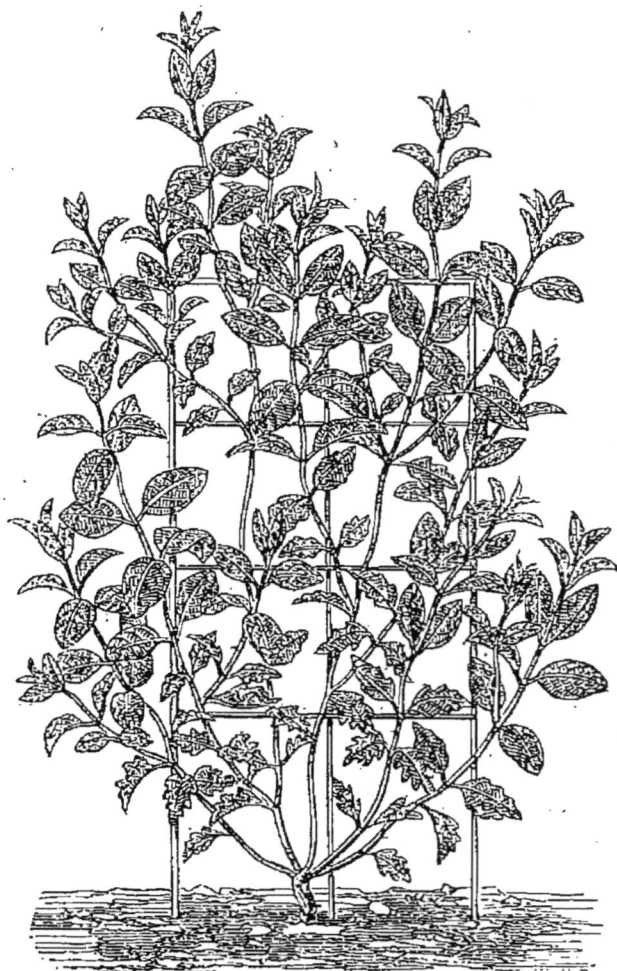

Fig. 16.　CHÈVREFEUILLE A RÉSEAU D'OR

lata), ou d'autres plantes grimpantes, par un monticule planté, par une serre ou un petit mur bien orné. Entre ces différents systèmes, le choix sera déterminé par les circonstances locales, le style de la maison et le goût du propriétaire. Voici, au surplus, le spécimen d'un travail de ce genre, exécuté chez un propriétaire de goût et qu'on peut considérer comme bien réussi.

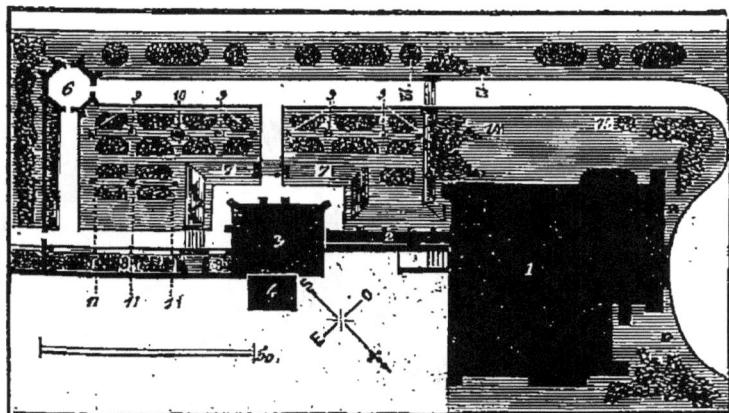

Fig. 17.

La maison et les offices (1) communiquent avec la serre (3) par un chemin couvert (2). Il y a une buanderie dans le voisinage de la cour de l'écurie. Un mur orné (5) avec des arcs-boutants de briques rouges comme la maison, réunit la serre à une maison rustique (6); le tout encadrant un parterre. L bordure (8),

qui entoure la base du mur, est garnie de fleurs et de
plantes grimpantes; des arbustes nains à feuilles persistantes y sont disposés (9), notamment des *andromeda floribunda,* etc. (10), des *rhododendrons* nains (11),
des groupes d'*erica carnea* (12), une plate-bande de *kalmias* et d'azalées avec quelques *rhododendrons* (13), Yuccas *filamentosa,* etc. (fig. 18) (14), enfin, un massif com-

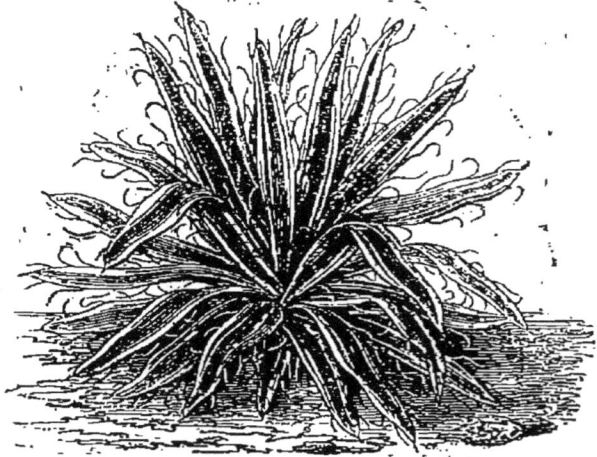

Fig. 18. YUCCA FILAMENTEUX PANACHÉ

posé principalement de rhododendrons et de houx (15).
Le mur du potager est à l'ouest de la buanderie (4),
et le mur qui va de la serre au sud-ouest constitue
le mur du potager du côté sud-est de ce dernier.

Quand les pièces de service d'une maison sont au sous-sol; au lieu de les éclairer parcimonieusement par des jours de souffrance qui les convertissent en cave, on peut leur donner de l'air, du jour et même du soleil, en ouvrant de larges fenêtres ornées de sculptures dans le style de la construction, ou en creusant la terre autour, et dissimulant cette espèce de fossé par des massifs, que l'on tiendra à hauteur convenable.

Variété. — Nous arrivons maintenant à la qualité la plus essentielle, à celle qui fait le plus grand attrait de la nature et du jardin paysager qui doit en refléter, en résumer les charmes. Nous voulons parler de la variété.

Le style régulier, dit style français (voir le Plan de Versailles dans le tome II), despote plus universel et plus obéi que Louis XIV lui-même, tenait encore tous les jardins des pays civilisés soumis à ses lois, quand Hogarth, précurseur révolutionnaire, proclama que la ligne serpentine était la véritable ligne de beauté. Il est certain que le contour sinueux des allées est un des principaux éléments de variété et de charme dans les jardins, et qu'on y reconnaît l'inspiration immédiate de la nature dans ses plus gracieuses fantaisies. C'est par le caprice et le mystère de leurs ondulations, que les ruisseaux et les sentiers natu-

rels plaisent a l'œil et stimulent l'imagination. Aussi une
allée serpentante, dont toutes les courbes se voient en
même temps, perd l'intérêt de sa variété. Il est donc
important que ces courbes offrent autant de variété
que le permettent leur longueur et leur étendue (*fig.* 19);
qu'en suivant leurs ondulations on passe pour ainsi
dire en revue les aspects divers de la maison, du jardin et du pays environnant.

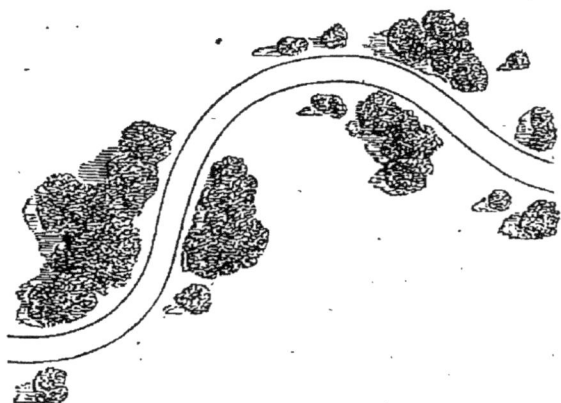

Fig. 19.

Pour relier les courbes d'une allée serpentante,
on a recours à des groupes de plantations, composés
surtout d'arbres à feuilles persistantes; ils seront surtout bien placés auprès des creux des courbes; mais
il serait maladroit de les mettre précisément au
centre.]

Une nuance de terrassement en contre-bas suffit pour dissimuler la courbe d'une allée. On peut aussi, dans le même but, recourir à divers incidents dont l'importance doit être proportionnée à celle du domaine; siéges ou abris rustiques, massifs d'arbustes ou arbres isolés; mais ce n'est guère que dans de véritables parcs qu'on pourra se permettre impunément les rochers plantés de grands arbres,

L'harmonie du décor exige en général que les points les plus élevés soient couverts par les plus grandes plantations; tandis que les parties étroites et basses doivent être réservées pour les buissons et les arbustes. Çà et là des arbres à haute tige, et à large cime et d'autres affectant la forme pyramidale, soit à feuille caduque, soit à verdure persistante, choisis les uns et les autres parmi les espèces les plus robustes, les mieux appropriées au climat et au sol, feront bon effet sur les hauteurs, étant plantés isolément, ou s'élevant parmi des massifs d'arbustes. « Ne plantez jamais un arbre, disait Kent, le grand jardinier anglais du dernier siècle, sans lui donner un buisson pour compagnon ou pour appui. »

Des arbres dont les branches retombent gracieusement, comme celles de l'Epicéa et d'autres conifères, seront d'un heureux effet; plantés isolément sur les pelouses (voir la figure 20, *Araucaria imbricata*,

Fig. 20. ARAUCARIA IMBRICATA.

ct la figure 14, *Cédre déodara*, et surtout dans les
courbes les plus saillantes. Dans les percées entre

les massifs, ces arbres isolés nuiraient à l'effet. Cependant, quand une percée n'est pas trop étroite, un arbre ou deux peuvent être plantés ou conservés pour rompre l'uniformité. Seulement il ne faut pas qu'ils occupent le milieu juste de l'ouverture.

Si la maison n'a malheureusement qu'une vue oblique sur les limites de la propriété, on atténuera ce défaut en traçant des lignes partant des fenêtres les plus importantes, et arrivant à ces limites (*fig.* 21).

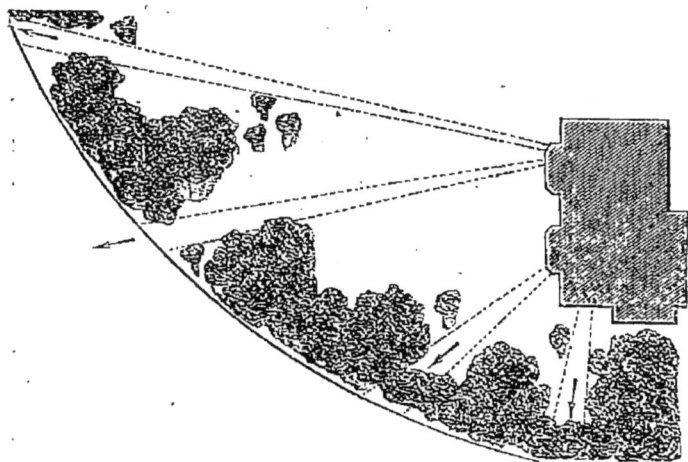

Fig. 21.

On réglera les plantations, d'après ces lignes, en laissant des intervalles irréguliers entre chacune des projections. Ces intervalles sont indiqués dans la plan-

che par des flèches entre les lignes d'indication. Les
plantations ne devront pas être disposées en rangée
symétrique, mais jetées çà et là en touffes d'inégale
grosseur. Les arbres plantés au fond de ces intervalles devront n'avoir que la hauteur strictement nécessaire pour masquer les limites.

On arrivera sûrement ainsi à corriger l'aspect mesquin d'une propriété dont les bornes sont visibles du
premier coup d'œil, et à rompre la monotonie des
lignes de clôture.

Il ne faut pas non plus oublier que l'un des buts
principaux des plantations isolées ou des massifs.ré-
partis le long des allées est, de procurer, d'entretenir
la variété au moyen des clairs et des ombres, des
effets alternatifs de lumière et d'obscurité. C'est le
point de vue pris des fenêtres principales, qui doit être
le régulateur de cette organisation. Dans les petites
propriétés, aussi bien que dans les grandes, les pièces
principales de l'habitation, et plus spécialement le salon, doivent être considérées en principe comme le
point central d'où l'on doit rayonner sur les plus
agréables aspects.

En effet, c'est toujours des fenêtres les plus importantes de l'habitation qu'on regarde le jardin avec le
plus de plaisir, et le plus souvent. Aussi les meilleurs
auteurs conseillent, quand on crée un jardin, de tra-

cer une série de lignes partant des ouvertures principales de la maison, et se dirigeant vers différents points de l'horizon, de manière à s'entre-croiser et à former ainsi sur le terrain d'opérations des espèces de triangles. La figure ci-jointe donnera une idée suffisante de l'importance de ce travail préliminaire, pour la fixation des linéaments essentiels de la plantation (*fig.* 22).

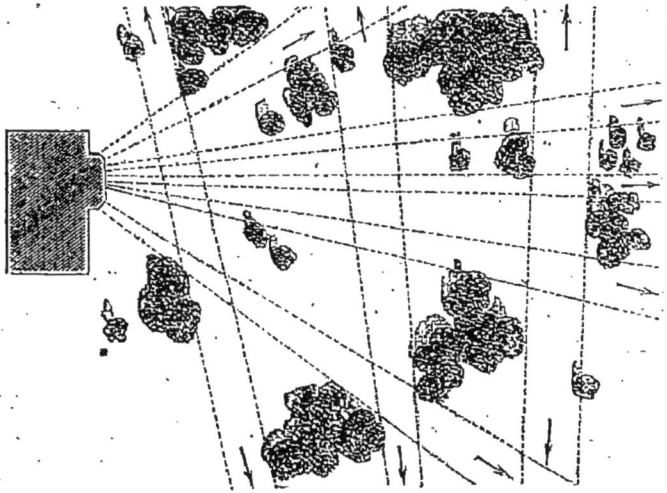

Fig. 22.

Indépendamment de ce moyen, primordial en quelque sorte, de conquérir la variété au début même du travail, l'art des jardins offre quantité de ressour-

ces accessoires pour entretenir cette qualité si pré-
cieuse ; comme l'agréable mélange de plantes diverses ;
celui des arbres, des arbustes, le soin de les disposer
de manière à faire bien valoir leurs agréments spéciaux.

En général, ce n'est que dans une pépinière qu'il
est avantageux de réunir les diverses espèces d'arbres
en masses régulières. Le talent d'assortir, d'harmoniser les teintes de verdure, soit caduque, soit persistante, depuis les nuances les plus claires jusqu'aux
plus sombres, fournit, surtout aujourd'hui, d'inépuisa-
bles ressources de détail pour entretenir la variété.
On peut en dire autant de l'emploi diversifié des eaux
en grandes pièces, en ruisseaux, en bassins, en casca-
des, des décors spéciaux de nénuphars et autres plantes
de ce genre, de l'animation que donne la présence
des oiseaux aquatiques.

A elle seule, l'eau est susceptible d'offrir une mobilité
prodigieuse d'effets suivant l'état du temps, par suite
de sa propriété de réverbération. Un observateur at-
tentif verra qu'une scène de paysage, où l'eau joue
un certain rôle (fig. 23), ne paraîtra jamais semblable.
Suivant que le temps est clair ou sombre, l'atmosphère calme ou agitée, le jeu des lignes, des couleurs
et des effets varie à l'infini.

Les arbres pleureurs bien disposés, les rosiers, les

, clématites, les chèvre-feuilles, toutes les variétés de vignes, peuvent être employées à rompre, à orner les silhouettes. L'emplacement le mieux approprié pour

Fig. 23. (Voir aussi page 162)

faire ressortir leurs avantages est l'extrême saillie des plate-bandes, ou les diverses plantes, bien mélangées, bien soutenues, viennent rompre l'uniformité de la masse. Elles sont également d'un bon effet à l'entour d'arbres élevés. Les arbres pleureurs donnent aussi beaucoup de caractère, principalement au bord des eaux.

Mouvements de terrain. — Enfin, l'une des sources les plus fécondes de diversité est l'ondulation du terrain ; mais on ne doit y avoir recours qu'avec une sage réserve. Multiplier à l'excès les mouvements de terrain en pays uni, paraîtra toujours prétentieux, surtout dans les jardins de médiocre étendue, auxquels se rapportent spécialement ces indications.

Le rez-de-chaussée de l'habitation est ordinairement exhaussé de quelques marches au-dessus du niveau du terrain, et se trouve par conséquent sur une élévation artificielle. Par suite du même principe, si l'on peut se procurer les matériaux nécessaires, on devra exhausser les massifs, les plate-bandes sur les bords de l'allée, afin d'en dérober les limites et les lignes (*fig.* 24).

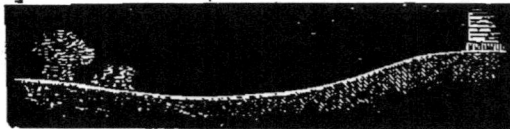

Fig. 24.

Entre ces levées, il y aura ainsi une sorte de creux où l'allée trouvera sa place (*fig.* 25), et auquel on pourra faire subir quelques ondulations, en n'oubliant pas de tenir le milieu de l'allée légèrement bombé, pour éviter la stagnation des eaux pluviales. Cette remarque est particulièrement importante dans les climats humides.

Fig. 25.

Si l'organisation de la propriété comporte l'installation d'une pièce d'eau, le mouvement du terrain n'en deviendra que plus intéressant. On réservera la terre enlevée pour creuser le lit des eaux, et on pourra l'employer à augmenter, à créer au besoin des élévations, à former de petites éminences sur lesquelles on fera des plantations détachées. S'il existe des ondulations naturelles, il faudra les réserver scrupuleusement, et, à moins de considérations particulières, comme la nécessité de se procurer un beau point de vue, plutôt y ajouter que les amoindrir. En règle générale, le fond d'un creux ne doit pas être planté. Des plantations dans les creux en diminuent la profondeur, non-seulement en proportion de la hauteur des plantations qui y sont faites, mais parce que la surface d'un massif est toujours plus ou moins inégale, et

qu'un creux ainsi encombré paraîtra moins profond
que s'il est simplement orné de gazon.

Cependant, on obtiendra quelquefois un effet agréable en plantant au bord d'un ruisseau, dans le fond
d'un vallonnement; mais ces plantations devront être
faites alors en petits groupes et non en masse. Quand le
vallon est assez profond pour que de la maison on n'en
aperçoive pas les bords, il sera habile de ne pas le
planter d'arbres dont les cimes dépassent le niveau de
ces bords. Cette combinaison augmentera l'importance
de cet accident de terrain. Si l'œil n'en pénètre pas toute
la profondeur, cette apparence mystérieuse permettra
de la supposer plus considérable qu'elle n'est réellement. Les hauteurs naturelles peuvent toujours être
utilisées avantageusement par des groupes d'arbres,
à l'effet desquels cette situation élevée profite, et qui, à
leur tour, font valoir davantage les ondulations. Aussi
ne faut-il jamais négliger de tirer parti des plus fai-
bles ondulations.

Le plus grand charme des mouvements de terrain provient de leur air naturel. Les lignes devront
donc être adoucies; les angles abruptes corrigés. La
rencontre de deux lignes doit être ménagée de telle
sorte qu'elle semble uniquement l'œuvre de la nature.

La pente d'une élévation doit toujours être assez
prolongée en pente douce, pour se réunir discrètement,

sans effort, avec le niveau ordinaire par une légère
ligne concave. Dès qu'une ligne atteint le milieu de sa
pente, il est nécessaire de la recourber.

Ce système d'adoucissement général des pentes,
d'exclusion des lignes abruptes, comporte nécessairement des exceptions dans les grands parcs, où l'on
dispose d'assez vastes espaces pour rechercher les
effets pittoresques proprement dits. Mais cette recherche
serait de mauvais goût dans les petits jardins paysa-
gers, auxquels convient essentiellement le style tempéré. Elle ne saurait être tentée avec quelque succès
que dans des domaines d'une grande étendue.

Contrastes. — Cependant les effets de contrastes
ne doivent pas être tout à fait bannis des moyennes et
même des petites propriétés. Une certaine vivacité de
changement dans la forme, dans la couleur, peut souvent, si elle n'est pas trop brusque, piquer la curiorité ;
mais l'harmonie ne devra jamais être négligée. Le
but principal est qu'un jardin, vu de la maison, offre
diverses parties, se prêtant un agrément réciproque et
formant un tout. Mais on n'a pas besoin d'un grand
espace pour obtenir certains contrastes de feuillages
très-intéressants, comme par exemple celles d'un bouleau pleureur à tige blanche se détachant sur un massif
de conifères sombres ; celui des hêtres ordinaires ou à
feuillage pourpre ; ou des tilleuls argentés parmi des

. verdures persistantes. On peut aussi obtenir de ces
contrastes, et des plus heureux, rien qu'avec des arbres verts de teintes variées, comme le cèdre ou l'*abies
pinsapo* avec les *cryptomerias* d'un vert plus tendre, le
Deodara et le Pin rouge d'Ecosse aux jeunes pousses
de couleur glauque ; ou, s'il s'agit d'arbres de seconde grandeur , l'if pyramidal presque noir, marié
à certains *juniperus*, aux thuyas dorés, aux touffes du
biota de la Chine, d'un vert si gai et si tendre, etc.

En thèse générale, quand on vise à un effet de contraste un peu vif dans un détail de plantation, il faut .
mettre les arbres sur lesquels on compte pour produire
cet effet, à une distance assez rapprochée pour que
les feuillages, les branches puissent s'entremêler, afin
que le contraste ne soit pas trop dur. Si cependant
l'on risque l'effet résultant de la juxtà-position de deux
massifs composés d'arbres d'essences différentes, par
exemple, de deux variétés bien tranchées d'arbres
verts, il faut en mélanger quelques-uns ensemble entre
les deux, pour adoucir la transition.

Il arrive souvent que l'on a intérêt à *distancer* un
buisson, un massif de couleur fortement tranchée,
c'est-à-dire à le faire paraître plus éloigné d'un point
donné, qu'il ne l'est réellement. Il faut alors l'en séparer par des plantations intermédiaires de teintes grisâ-
tres, ou par un léger vallonnement. Tout ceci nous

montre que les contrastes ne doivent jamais s'écarter
de l'harmonie générale. De même, si l'on veut mélanger des objets de formes diverses, il faudra les réunir par des lignes irrégulières et non par des angles.

Certaines espèces de plantations sont plus spécialement aptes à produire de ces contrastes. Les arbres à
feuillage divisé, semblable à des plumes, ceux de couleur tendre ou argentée, ceux à branches minces et retombantes, forment d'heureuses oppositions avec les
arbres au port droit, au feuillage sombre. L'acacia,
le Sumac, arbuste d'un joli effet, surtout en automne, quand ses feuilles prêtes à tomber prennent une
belle teinte rouge, l'ailante, le saule ordinaire, ar-
genté ou pleureur, le bouleau pleureur, le mélèze, le
cèdre de l'Himalaya ou Deodara (qui n'est autre chose
qu'un mélèze à feuilles persistantes), etc., sont des
exemples de la première catégorie ; le cèdre du Liban (*fig.* 26), l'if, le chêne, appartiennent à la seconde.
Les arbustes hâtifs à jolies fleurs, ceux surtout dont
les fleurs sont blanches, se détachent avantageusement sur des arbres verts. Suivant un savant horticulteur anglais : « Un amandier accompagné de deux
ou trois pins ; des groseillers à fleurs rouges, mélangés
à des rhododendrons, à des syringas et flanqués de
houx, offriraient d'excellents contrastes. » A dire vrai,
ces compositions nous rappellent un peu les toilettes

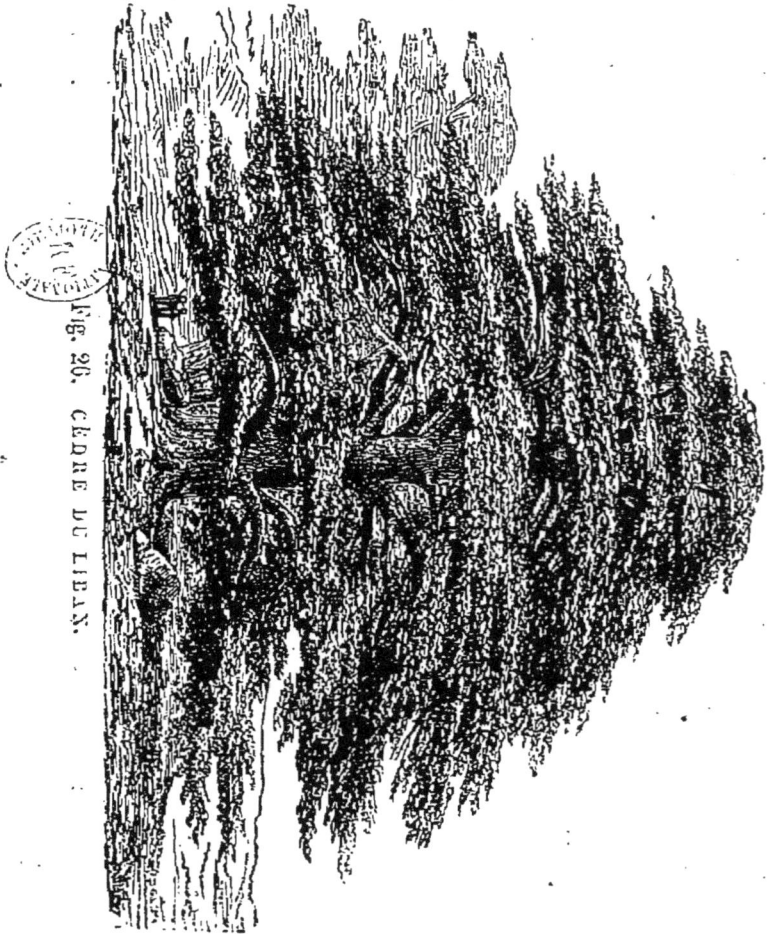

Fig. 26. CÈDRE DU LIBAN.

de certaines *ladies*, où s'entre-choquent avec plus
d'éclat que de goût les couleurs les plus tranchées et
les plus voyantes. Nous aurons occasion plus loin de
citer un modèle plus heureux de feuillages mélangés,
emprunté à un habile horticulteur allemand.

Un contraste charmant, et qu'on ne saurait trop recommander à ceux qui ont la rare bonne fortune de
posséder de beaux arbres, est celui des chèvre-feuilles,
des bignonias ou autres passiflores, montant joyeuse-
ment à l'assaut de quelque vieil arbre d'aspect sévère
(*fig.* 27). Nous croyons pouvoir aussi recommander,
comme décoration origi-
nale et du plus charmant
effet, des rosiers *Banks*,
chèvre-feuilles ou autres
plantes' grimpantes
à grosses fleurs, errant
parmi les branches en-
tremêlées d'une planta-
tion de jeunes arbres
verts d'essences variées.

Fig. 27.

Certains contrastes marqués de couleurs, n'en sont
pas moins harmonieux. Ainsi, les fleurs blanches se
mélangeront toujours agréablement à des teintes rouges ou jaunes. Le vert s'adapte à toutes les combinaisons; il se marie notamment fort bien avec la cou-

leur de la pierre : aussi les constructions en pierre
ordinaire feront toujours meilleur effet, si elles sont
entourées de gazon. La couleur d'une terrasse pavée,
celle du gravier, s'harmonisent également moins
bien avec des bâtiments de briques que le vert du
gazon.

Chacun peut donner à sa propriété le caractère
qu'il préfère. On peut obtenir plus d'animation et de
gaiété dans la belle saison, au moyen de variétés de
fleurs, de rosiers; l'hiver, par les arbres et arbustes
verts variés, des lauriers-thyms dont la floraison per-
siste jusqu'au milieu des plus grands froids dans
les climats doux, et dont les graines ont un caractère
ornemental; par des arbustes à tiges et à baies rouges, et des plantes bulbeuses qui fleurissent à l'approche du printemps.

Si l'on tient à un aspect paisible, tempéré, on doit
organiser le jardin correctement, même avec élégance, mais sans recherche ni ostentation. Tout doit y
être convenable, mais simple; les fleurs abondantes,
mais sans profusion; rien ne devra attirer particulièrement les regards. Un jardin arrangé d'après ces
principes est comme un individu bien élevé, agréable,
mais qui ne cherche pas à se faire valoir.

C'est surtout dans les alentours immédiats de la maison, que l'art doit se montrer plus libéral d'ornements.

Mais ce luxe doit encore s'harmoniser avec l'importance de l'habitation, et le caractère de son architecture.

Quand un jardin a un aspect mesquin ou triste, on devra s'efforcer de le relever, de l'égayer. Une trop grande quantité d'arbres verts d'une teinte uniformément sombre, le manque de fleurs, la négligence d'entretien, feront inévitablement une fâcheuse impression ; un jardin ne doit pas avoir l'air d'un cimetière, il doit essentiellement être un endroit gai et agréable. Des plantations de baliveaux trop compactes, sous lesquelles le gazon ne peut pousser, des massifs trop serrés, des ornements sans élégance, contribueront sûrement à inspirer la mauvaise humeur et l'ennui. L'apparence mesquine dans un jardin n'est pas moins à redouter. Elle semble dénoter l'indifférence, la petitesse d'esprit du propriétaire.

Si cette pauvreté d'aspect provient de l'ingratitude du sol ou du climat, il faut rechercher avec attention les plantes susceptibles d'y résister avec succès ; observer ce qui réussit le mieux dans le voisinage. Si la campagne environnante n'a rien d'attrayant, il faudra réserver seulement çà et là quelques échappées fugitives, à travers d'abondantes masses de feuillage soigneusement composées.

Des différents styles. — Style français ou régu-

.ier. — Nous n'aborderons pas ici des considérations historiques, qui trouveront plus convenablement leur place dans le tome II. (*V. Grands parcs*). Nous dirons seulement ici que dans l'état actuel de l'art, l'homme de goût a, suivant les maîtres, le choix entre trois styles ou genres : le classique régulier, dit essentiellement style français ; le genre mélangé ou irrégulier, dit improprement anglais, et le genre pittoresque qui n'est, à vrai dire, qu'une dérivation du précédent.

Le style régulier, issu en droite ligne des traditions de l'antiquité, longtemps seul compris, seul pratiqué, fut, dans la seconde moitié du siècle dernier, l'objet d'attaques violentes, et d'une proscription presqu'absolue. Comme la plupart des révolutions, celle-ci avait dépassé le but. On est revenu de nos jours à des idées plus impartiales ; des hommes passés maîtres en horticulture paysagère et pittoresque, comme le prince Pückler-Muskau, ne font plus difficulté de reconnaitre que dans certains cas, et même sur une étendue de terrain fort limitée, on pourrait faire d'heureuses applications de ce style, dont les naturalistes fanatiques toléraient à peine l'emploi sur d'immenses espaces. Aussi, dans les meilleurs ouvrages modernes, notamment dans celui de Mayer, les ardins réguliers occupent une place importantes. Nous croyons donc indispensable de donner quelques

indications pratiques sur l'installation d'un jardin de
ce genre, dans un petit espace.

Le style français exige une connaissance au moins
élémentaire des règles de l'architecture. Il subordonne
tout à l'habitation, qu'il développe et prolonge pour
ainsi dire en plein air. Autant l'effort humain doit se
dissimuler dans le genre paysager, autant il doit s'affirmer, s'imposer dans le genre régulier. Les seules formes
de la nature à rechercher ici sont donc celles qui se rap-
prochent le plus du caractère artificiel, et peuvent s'y
encadrer avec le moins d'effort ; les végétaux employés
de préférence, ceux qui s'approprient docilement aux
exigences de la symétrie. Une série de lignes droites
coupées régulièrement à angles droits, de plate-bandes
dans lesquelles la forme géométrique demeure toujours apparente, des marches, des murs de soutène-
ment, des balustrades, des bancs régulièrement espa-
cés, des végétations alignées, des plate-formes élevées
sont ici les principaux éléments.

L'application de ce genre doit toujours être justifiée
par le style nettement accusé des constructions. Il
peut du reste s'adapter avec des variantes dans les
formes géométriques, aux édifices de style grec, ro-
main, du moyen âge ou de la Renaissance, et même
des deux derniers siècles, mais il faut pour cela que le

caractère . de leur architecture n'ait rien d'équivoque. Une construction franchement moderne, de style
rustique ou sans style déterminé, offrirait le contraste
le plus choquant avec l'ornementation .régulièrement
pompeuse de ses abords.

Occupons-nous d'abord de la maison. Elle doit toujours être élevée de trois ou quatre pieds au moins au-
dessus de tout ce qui l'environne, avec une pente conduisant à une première allée en contre-bas, ou, ce qui
vaut encore mieux, au niveau de la maison et en ligne
parallèle avec elle. Suivant les goûts et les circonstances, on pourra recourir, soit à une pente gazonnée, soit
à un mur bas et orné, avec quelques marches. Dans
tous les cas, le gazon du bord de l'allée doit être presque
plat, et d'au moins 30 centimètres de large, et plus
encore s'il est possible. Il ne faut jamais que les terrasses soient assez larges pour obstruer la vue de l'allée,
c'est là une règle essentielle qu'on a tort de négliger. Si
la façade de la maison a plusieurs vues, on devra dis-
jposer la terrasse qui l'entoure, de manière à pouvoir
ouir de toutes. Si l'espace le permet, un petit parterre
régulier peut être installé au même niveau que la
maison; dans le cas contraire, ce parterre sera installé au-dessous de la terrasse. Les murs de soutène-
ment et les balustrades devront être ornés de vases
d'un style assorti à celui de l'habitation. On peut

faire figurer avantageusement dans ces vases quelques belles plantes ornementales.

Les allées du genre français doivent être droites, ou former des demi-cercles. Leur largeur sera toujours proportionnée à leur longueur; une allée droite réclame plus de largeur relative qu'une autre. Au rebours des lois du style paysager, ce sont les allées qui doivent principalement fixer l'attention, et donner le caractère dans les jardins réguliers.

La largeur atténue l'effet de la longueur; c'est à l'art à combiner habilement les deux. Dans les longues allées, les bassins de forme diverse, les statues, vases, cadrans solaires, et autres ornements seront d'un bon effet au centre des carrefours et aux points d'intersection. Dans les petits jardins de ce style, un massif d'arbustes placé à l'un de ces centres pourra dissimuler le peu de longueur veritable des allées.

Une allée droite ne peut en croiser une autre qu'à angle aigu.

Les allées obliques, jadis fort usitées en Hollande, et dans les grandes propriétés anglaises du moyen âge, jusqu'au commencement du siècle dernier, n'appartiennent pas au style classique pur, et feraient surtout un effet disgracieux dans un jardin notamment dans un jardin de ville peu étendu.

Les allées droites doivent aboutir à quelque statue

Fig. 28. AGAVE AMERICANA PANACHÉ

ou vase monumental (*fig.* 28), ou bien à un arbre vert taillé d'une manière symétrique. Les buis, les ifs sont particulièrement propres à cet emploi dans les jardins réguliers. L'installation de cet objectif à la fin d'une allée, est un des préceptes fondamentaux du genre. La terrasse qui règne le long de la façade doit toujours être ornée de siéges de pierre ou autres, et aux extrémités, de quelque objet d'architecture d'une tonnelle, ou bien encore de quelques touffes de verdures persistantes.

Dans la figure 29, l'allée se termine par une ouverture sur la campagne, ce qui donne à cette promenade toute l'animation dont le genre est suscep-tible. Dans ce cas, on devra soi-gneusement réserver un espace

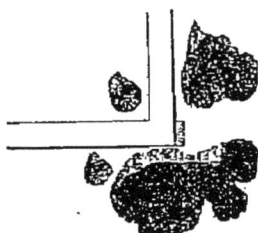

Fig. 29.

ouvert où l'œil puisse plonger au dehors, éviter que la ligne de clôture, soit muraille, soit haie, vienne offus-quer le regard. Elle doit être dissimulée au moyen de quelque charmille ou de quelques buissons. Une percée sur un bel aspect de campagne au bout d'une allée droite garnie de beaux arbres, sera toujours d'un grand effet ; dans ce cas, il faut avoir soin que la clôture et les buis-sons qui la couvrent soient placés en contre bas, afin de ne pas gêner la vue.

Cette figure (*fig.* 30) nous montre une allée droite,

terminée par un demi-cercle orné d'un objet d'archi-

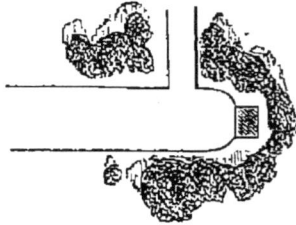

tecture qui doit être placé au sommet de la courbe sur le gazon. Un siége semi-circulaire serait peut-être encore de meilleur goût. Pour justifier un changement de di-

Fig. 30.

rection dans les allées droites et adoucir l'effet des angles, on peut avoir recours à un vase ou autre objet, placé juste au centre du point de réunion des deux allées. On peut arriver au même but à l'aide d'un groupe de statues ou d'un bassin de forme régulière, avec jet d'eau. Un buisson pourrait être employé au même usage; mais il devrait être entouré d'un gazon auquel on donnerait une forme circulaire, pour qu'il ne soit pas piétiné par les promeneurs.

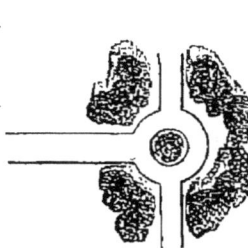 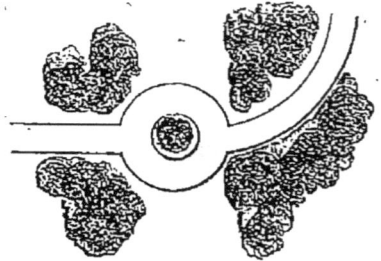

Fig. 31   Fig. 32.

La figure 31 représente une allée droite se bifurquant en deux allées plus étroites; la figure 32 montre un buisson terminant une allée droite, au moment où elle va prendre une direction courbe. La figuré 33 indique une allée droite qui bifurque agréablement à droite et à gauche, et termine par l'inter-vention d'un petit temple ou d'une volière de forme monumentale et régulière sur toutes ses faces à la jonction de ces trois allées.

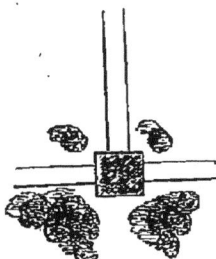

Fig. 33.

Il existe encore d'autres façons très-diverses de varier les formes symétriques des plate-bandes de fleurs et des massifs, de manière à mettre l'ornementation du jardin en parfaite harmonie avec le style de l'habita-tion. Certaines formes de plate-bandes, par exemple, se raccorderont mieux avec le style des châteaux du temps de Louis XIII et de Louis XIV, d'autres avec celui de la Renaissance ou avec l'architecture gothi-que. Mais la recherche de ces formes compliquées, d'un entretien coûteux et difficile, ne convient guère aux propriétés de médiocre étendue, dont nous nous occupons spécialement ici. Ainsi, nous croyons conve-nable d'ajourner au volume des « grands parcs » ce qui resterait à dire sur ce style français, qui semble revenir à la mode aujourd'hui, après une longue dis-grâce. Une considération capitale justifie ce renvoi ;

c'est qué, dans les petites propriétés modernes, l'emploi du style régulier, dont le caractère essentiel est la majesté, la grandeur, ne sera jamais applicable que par exception.

Style mixte. — Le style régulier est pour les jardins l'équivalent du goùvernement absolu ; et nous comparerions volontiers au régime constitutionnel ou parlementaire le genre mixte, le plus fréquemment applicable dans les propriétés de moyenne étendue. Nous y trouvons en effet un mélange tempéré adroitement d'autorité ou de liberté. Le rayonnement de l'habitation s'y fait encore sentir dans ses abords immédiats, dans ceux de la serre, qui conservent une certaine régularité de lignes ornementales. Dans le reste du domaine, la nature, la liberté reprennent leurs droits. Mais l'art les escorte discrètement pas à pas, s'attachant en toute occasion à retenir ou obtenir la grâce en corrigeant la rudesse.

La ligne serpentine est le caractère principal du genre mixte. Son but est l'élégance et la variété des mouvements de terrain.

On trouve dans un grand nombre d'ouvrages des descriptions du genre mixte plus ou moins élégantes, mais sans caractère pratique ; il nous paraît donc inutile de donner ici un nouvel échantillon de rhétorique appliquée à l'horticulture.

Il nous parait bien préférable de reproduire ici comme spécimen des travaux un plan, emprunté au *Guide pratique du jardinier paysagiste* de Siebeck, voir page 105, fig. 34 (1), qui est réduit d'après un plan colorié. Ce plan peut être considéré comme un spécimen de l'art des petits jardins en Allemagne, spécimen d'autant plus digne d'attention, que l'auteur a accumulé à dessein les circonstances les plus ingrates, pour se donner le plaisir de les surmonter. On en jugera par la description de M. Siebeck que nous citerons textuellement.

(1) *Guide pratique du jardinier paysagiste* pour la composition et l'ornementation des parcs, des jardins, etc., donnant les détails pittoresques, accidents de terrain, effets des arbres et des plantes d'ornement, points de vue, distribution des eaux, maisons d'habitation, fabriques, pavillons, kiosques, bancs, ponts, jardins potagers, vergers, vignobles, etc.

Album de 24 plans coloriés accompagné d'un texte descriptif très-détaillé sur l'*art des jardins*, le choix et la distribution des végétaux en France, en Italie et en Espagne, par R. Siebeck, directeur des jardins publics et des plantations de la ville de Vienne. Traduction de l'allemand par J. Rothschild revue et précédée d'une introduction générale de Charles Naudin, Membre de l'Institut, docteur ès-sciences, aide-naturaliste au Muséum d'histoire naturelle.

Ouvrage honoré d'une médaille de la Société impériale et centrale d'horticulture.

Le Guide pratique du Jardinier paysagiste par R. Siebeck se compose d'un album de 24 plans coloriés, imprimés sur Bristol; format petit in-folio. Le texte explicatif de 54 pages est tiré sur beau papier vélin; les planches faites à l'échelle métrique des différentes nations, *France, Angleterre, Allemagne* et *Espagne,*

« Dans la pratique longue et variée de mon art, j'ai
souvent rencontré des habitations peu favorablement
situées pour l'harmonieuse distribution du jardin. D'autres fois, cette harmonie de distribution était rendue
impossible ou par les conditions du terrain, quand
un nouvel achat reculait les limites de la propriété,
ou par le caprice du propriétaire lui-même, ou par le
voisinage d'environs auxquels on voulait se soustraire
complétement (forges, moulins, fabriques,) ou sur lesquels on ne voulait avoir vue que par un point déterminé.

Dans de telles circonstances, l'artiste doit mettre
toute son attention à dissimuler ces disparates. Si, par
hasard, sur le milieu de l'enceinte regardant le midi
se trouve une porte, on atteint le but indiqué au
moyen d'un effet d'illusion, c'est-à-dire qu'à l'endroit
même où, d'après les règles de l'art, aurait dû s'élever
l'habitation, on ménage, conformément à ces mêmes
règles, un objet destiné à la remplacer. Cet objet solli-
citera l'attention et la détournera des disparates. On y
réussit d'ordinaire au moyen d'un pavillon ou de tout
autre objet, un groupe de statues, un monument; il
est même des cas où un arbre, un carré de fleurs suffisent.

sont collées sur onglets, le tout très-richement disposé. Prix de
l'ouvrage complet : 25 francs. (J. Rothschild, éditeur).

Les aspects se rattachant à l'habitation devront donc être mis, autant que possible, en harmonie avec ceux de l'objet destiné à détourner l'attention, et si l'on procède avec goût et savoir-faire, on arrivera à produire d'intéressantes perspectives. Dans tous les cas, l'artiste doit, en face de pareils sites, pouvoir commander en maître à la forme et aux effets, afin d'exécuter le tracé du jardin de manière à lui donner, nonobstant ses conditions défectueuses, le plus heureux aspect.

Les environs de l'habitation *a* répondent parfaitement aux principes jusqu'ici mis en pratique pour la combinaison des formes. Par devant, on a vue sur la route; les parties latérales se présentent diversement groupées, et, du côté du jardin, s'ouvre la perspective principale.

b. L'habitation du jardin.

c. Pavillon ayant aussi vue sur la route et, dans la direction contraire, sur une grande partie du jardin. L'entrée seule est autrement ménagée, mais on y a la vue du pavillon. Cette scène secondaire s'allie néanmoins avec une complète harmonie au reste du paysage.

d. Rond-point en forme de charmille.

e. Carré de fleurs, I Jacinthes; II. *Lobelia ramosa*.

f. Carré de fleurs; Rosiers de tous les mois.

g. Carré de fleurs, I. *Myosotis alpestris*; II. *Lobelia cardinalis.*

h. Banc sous des ombrages.

i. De ce banc, on a vue sur le pavillon *c*, et sur une grande partie du jardin.

k. Banc d'où l'on a le coup d'œil de la grande pelouse.

l. Banc à dossier devant lequel se déroule une large perspective à part.

m. Ce banc a vue sur l'habitation.

n, o. Espaliers de raisins et de pêches.

p, q, r, s, Plate-bandes avec arbres fruitiers; groseilliers rouges et blancs, et bordure de fraisiers.

t, u, v, w. Carrés de légumes.

N. 1. *Liriodendron tulipifera*; 2. *Syringa persica*; 3, 4, 5. *Cratœgus Oxyacantha flore rubro pleno*; 6. *Ulmus americana*; 7. Rosiers à haute tige; 8. *Robinia hispida*; 9, *Picea pectinata*; 10. *Catalpa syringœfolia*; 11. *Magnolia purpurea*; 12. *Ailantus glandulosa*; 13. *Sophora japonica*; 14, 15, 16. *Cratœgus Oxyacantha flore albo*; 17. *Platanus occidentalis*; 18. *Abies alba*; 19. *Picea pectinata*; 20 *Robinia hispida*; 21, 22, 23, 24, 25, 26, 27. Rosiers à haute tige; 28. *Fagus purpurea*; 29. *Acer striatum*; 30. *Cratœgus Oxyacantha flore rubro*; 31. *Catalpa syringœfolia*; 32. *Tilia europœa*; 33 *Syringa persica*; 34. *Æscluus rubicunda*; 35. *Elœagnus angustifolia*

35. *Broussonnetia papyrifera* ; 37. *Pavia flava* ; 38. *Gymnocladus canadensis;* 39. *Viburnum Opulus* ; 40. *Chionanthus virginica* ; 41. *Gleditschia triacanthos* ; 42. *Picea canadensis* ; 43. *Abies alba* ; 44, *Populus canescens* ; 45. *Acer Negundo* ; 46. *Æsculus rubicunda* ; 47. *Hibiscus syriacus flore pleno* ; 48. *Quercus coccinea* ; 49. *Diospyros virginiana.* (1)

On voit que le verger et le potager sont reliés dans ce plan avec les plantations d'agrément, excellente disposition qu'on ne saurait trop recommander. Nous croyons qu'il serait bien difficile d'obtenir un résultat plus satisfaisant dans des conditions aussi ingrates, sur un terrain où le dessinateur n'avait à sa disposition ni eau, ni mouvement de terrain, ni belle vue du dehors, et où il faut par conséquent que le jardin se suffise en quelque sorte à lui-même.

(1) *Éléments d'horticulture ou jardins pittoresques,* expliqués dans leurs motifs et représentés par un plan destiné aux amateurs pour les guider dans la création et l'ornementation des parcs et des jardins d'agrément, par M. Siebeck, entrepreneur de jardins publics et directeur des parcs impériaux à Vienne (traduit de l'allemand).

Les éléments d'horticulture par R. Siebeck se composent d'un plan colorié réparti en quatre grandes feuilles, imprimées sur Bristol, dont chacune a 95 centimètres de longueur sur 72 centimètres de largeur, et d'un texte explicatif sur beau papier, le tout richement cartonné.

Prix de l'ouvrage : 30 francs. J. Rothschild, éditeur.

Genre pittoresque. — Nous avons peu de chose à dire ici du genre pittoresque, qu'on pourrait définir : l'application des principes démocratiques en horticulture.

L'art, qui y représente l'autorité, n'en est pas banni, mais son influence doit demeurer occulte, l'extrême liberté d'allures étant le caractère essentiel du genre. Rien n'y est ou n'y doit sembler adouci, ni dans les lignes, ni dans les formes. Et, de même que la démocratie la plus avancée arrive à se rapprocher du régime absolu, les extrêmes se rencontrent, dit-on, dans la perfection du genre régulier et du genre pittoresque. Tous deux, en effet, emploient de préférence les formes anguleuses, expression. commune des caprices les plus variés de l'art et des fantaisies excessives de la nature.

Ainsi, tandis que des lignes serpentantes caractérisent le genre mixte, les zig-zags, les lignes rompues, brusques, s'emploient de préférence dans le genre pittoresque.

Nous n'en dirons pas davantage ici sur ce genre, parce qu'il réclame de vastes espaces pour être exécuté avec succès, et que par conséquent il ne convient pas en général aux jardins d'étendue restreinte, qui font l'objet spécial du présent ouvrage.

Cette règle ne saurait souffrir d'exception que dans

des circonstances fort rares, où le relief du sol donnerait la possibilité d'obtenir de grands effets sur une
étendue restreinte.

Nous renvoyons donc au volume des « *Grands parcs,* »
les développements spéciaux que comporte l'étude du
genre pittoresque.

L'appropriation aux localités. — Le principe
d'appropriation aux localités est le guide le plus sûr
dans l'étude qui nous occupe. Partout il existe des
particularités locales dont il importe de tenir compte,
de démêler et de soutenir le caractère, et c'est dans
cette faculté d'appropriation, dans le talent de mettre
à profit ce qui existe, que réside surtout l'art du dessinateur paysager. Il est vrai que souvent on a peine à
trouver le caractère propre d'un emplacement, parce
que ce caractère n'existe pas, où qu'il est à peine
sensible.

Les bâtiments, leurs entrées, les fenêtres, les arbres, les mouvements du terrain, les portes, les clôtures, et bien d'autres choses, peuvent déjà être disposées sans qu'il soit possible de les changer ; il faut
donc que l'artiste sache discerner les effets bons à
conserver, et ce qu'il faut dissimuler. C'est souvent de
difficultés surmontées, comme on vient de le voir dans
le plan de Siebeck, que peuvent résulter les plus n
téressantes créations. — Il faut d'abord étudier la

forme du terrain, son aspect et sa nature, les besoins
et les goûts de la famille, le voisinage et son avenir
probable. La nature du climat, les conditions plus
ou moins favorables d'abri doivent être aussi, de la
part du dessinateur, l'objet d'une attention particulière.
Ces considérations doivent exercer une influence dé-
cisive sur le choix des différentes espèces de plantes
et de fleurs, et sur l'emplacement qu'elles doivent
occuper. Les traits caractéristiques des alentours dé-
cident également de bien des choses. Si, par exemple,
l'habitation a vue sur la mer, sur une grande rivière,
il serait ridicule de faire figurer un petit étang comme
ornement dans le parc. Si le pays est accidenté naturellement, des contrefaçons lilliputiennes de montagnes feraient un misérable effet, même sur un grand
terrain. Ces efforts impuissants fourniraient matière à
des comparaisons fâcheuses entre la faiblesse des
créations de l'homme, et l'énergique et sincère beauté
de celles de la nature.

Si le pays est boisé, on ménagera les perspectives
du jardin, de telle sorte que les bois voisins semblent
en faire partie. En général, l'un des principaux méri-
tes d'un dessinateur est de fusionner, en quelque
sorte, dans son œuvre, la contrée environnante, en
n'en laissant apercevoir que les agréments, et dissimulant avec soin les lignes de clôture.

CHAPITRE II

OBJETS GÉNÉRAUX

Après avoir déterminé les principes généraux, nous nous trouvons naturellement conduit à descendre dans les détails pratiques du travail.

Le sujet est vaste et pourrait nous mener loin, nous nous bornerons aux points les plus essentiels.

Économie. — L'économie est un des premiers dont il faut tenir compte. En fait d'horticulture d'agrément, comme d'autre chose, la seule manière de procéder avec économie est de savoir positivement d'avance ce que l'on *veut*, ce que l'on *peut*.

On ménagera notablement les dépenses, en évitant les allées trop multipliées, trop larges, en adaptant les installations aux mouvements naturels du terrain. Les soins d'entretien doivent aussi être pris en sérieuse considération.

Les massifs de fleurs cultivées seront toujours coûteux, car les fleurs se fanent vite ; elles ont besoin d'être souvent arrosées, remplacées ; les bordures, le gazon dans les places les plus apparentes, nécessitent aussi des soins particuliers. L'usage de la faucheuse mécanique réduira de beaucoup les frais d'en tretien d pelouses

En règle générale, l'importance des frais croît en
raison directe de la multiplicité des détails de la com-
plication du décor, de la quantité de massifs séparés,
de petites plate-bandes de fleurs cultivées. En moyenne
ordinaire, il suffira d'un homme pour tenir en bon
ordre deux ares de terre, pourvu que l'arrangement
n'en soit pas trop compliqué. Il ne faut pas oublier
que l'entretien des murs recouverts d'arbustes ou
plantes grimpantes, les soins d'une serre, d'un verger,
des couches, demandent spécialement beaucoup de
temps.

Il est peu d'endroits assez favorisés pour qu'on n'ait
pas à y prévoir la nécessité de s'assurer un abri contre
certains vents. Dans les climats tempérés, où le goût
et l'art du jardinage ont pris de nos jours une exten-
sion si prodigieuse, les vents du Nord-Est et du Nord
sont presque toujours nuisibles à la santé des végétaux, et souvent à celle de l'homme.

Dans de certains endroits exposés à l'air de la mer
ou situés sur des hauteurs, on a de plus à se préserver des orages du Sud-Ouest.

Il existe plusieurs manières de s'abriter plus ou
moins convenables, selon les localités. Les haies, les
clôtures diverses, les murs, les plantations, les hauteurs, sont utiles dans certaines situations ; mais il ne
faut pas oublier que les murs ou clôtures épaisses ser-

vent seulement à coudoyer, en quelque sorte, le vent, en le rejetant avec plus de violence dans une autre direction. Si donc ils abritent quelques objets placés immédiatement sous leur tutelle ; par contre, ils peuvent devenir préjudiciables à d'autres. On peut souvent observer à quel point certaines plantations, plus élevées que les murs qui les abritent, sont détériorées dans ce surplus de hauteur. Il faut en conclure que les massifs d'arbres serrés sont le meilleur préservatif.

Ce principe est le même qui préside à la construction des brise-lames ; il est maintenant certain que les murs de pierre les plus solides résistent moins à une grosse mer, qu'un réseau de bois ou de fer dans les interstices duquel les vagues peuvent se jouer, et usent leurs forces en les divisant.

Les massifs qui ont cette destination doivent être, du haut en bas, très-compacts ; on ne saurait, nous le répétons, employer de plus sûre défense.

Dans un endroit montueux, les parterres, les potagers, réclament spécialement un peu d'abri ; on peut le leur procurer au moyen de haies ou d'arbres à basse tige ne donnant pas trop d'ombre.

Il est important que les murs, haies ou plantations destinés à servir d'abri, présentent une ligne de défense continue. Si elles offraient au vent quelqu'ouver-

Fig. 34.

(page 93.)

ture, elles ne serviraient qu'à le rendre plus violent et plus pernicieux. Cet inconvénient est encore plus sensible dans les murs et les haies que dans les arbres, et plus l'ouverture est étroite, plus le vent s'y engouffre violemment.

C'est surtout dans les propriétés exposées aux brises de mer, qu'il importe de donner aux plantations une densité extrême. En de telles occasions, il faut même garnir de plantations naines, mais robustes et touffues, les parties inférieures des percées donnant vue, ou sur la mer ou sur un paysage. En effet, si le vent souffle à raz de terre, tout le jardin en sera comme inondé ; tandis que s'il rencontre d'abord une espèce d'obstacle, il ne sévira avec toute sa violence qu'à partir d'une certaine hauteur.

Entrées de l'habitation. — Dans le style paysager mixte, et à plus forte raison dans le pittoresque, les accès divers d'une maison, pour les voitures ou pour les piétons, doivent être, suivant quelques horticulteurs, en dehors du point de vue des principales fenêtres et des endroits de promenade. Ce précepte fort bon pour les entrées de service, nous paraît d'une observation difficile en ce qui concerne la principale route carrossable, avenue ou allée, aboutissant à l'une des façades.

Nous ne saurions partager non plus l'opinion de

M. Kemp, quand il pose en principe « qu'une route
d'arrivée ne doit pas s'engager dans la propriété d'un
côté trop éloigné de l'habitation, ni suivre les clôtures. »
Nous pensons, au contraire, qu'une propriété d'une
certaine importance ne peut que gagner à cette pro-
longation d'arrivée, si tout est convenablement disposé
sur le passage. Par la même raison, nous pensons
aussi (et nous en avons fait l'heureuse expérience),
que l'on peut faire avec beaucoup de succès, pour l'arrivée, l'emprunt d'une section plus ou moins considérable d'allée de ceinture, et par conséquent, côtoyer
de plus ou moins près les clôtures pendant ce parcours, pourvu, bien entendu, que ces clôtures soient
habilement dissimulées par la plantation.

Le même auteur se contredit et revient implicite-
ment à notre opinion, quand il dit, un peu plus loin :
« qu'il importe de s'élever vers l'habitation par la
pente la plus douce, et conséquemment la plus prolongée. »

En principe, l'entrée d'une propriété doit être per-
pendiculaire au grand chemin ; cependant, il peut
être quelquefois nécessaire de la placer à un coin ou à
une courbe.

En général, les murs en aile ou autres clôtures de
chaque côté de l'entrée, doivent présenter une forme
convexe à la grande route (*fig.* 35). Si l'on veut avoir une

entrée imposante, on devra préférer des murs de
forme concave, et disposer de chaque côté des bornes

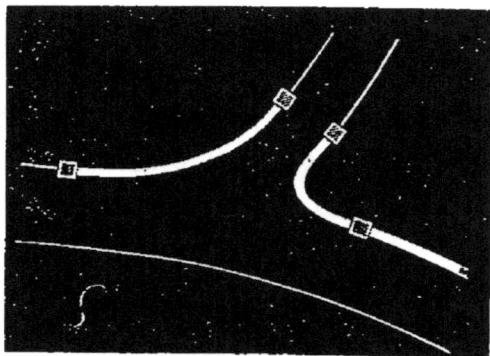

Fig. 35.

reliées de chaînes formant une courbe convexe. L'intervalle compris entre ces deux courbes sera en gazon, orné de quelques arbustes ou buissons, s'il existe
un espace suffisant (*fig.* 36).

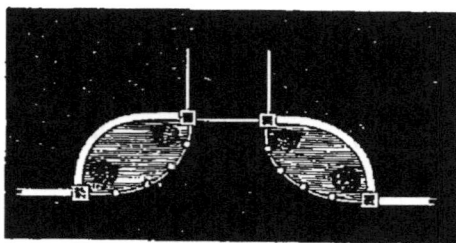

Fig. 36.

Quelquefois, deux entrées sont indispensables,
quand une propriété est importante et voisine de

deux villes ou bourgs situés dans des directions diffé-
rent es. La figure 37 donne le modèle d'une de ces entrées doubles, régulièrement disposées (*fig.* 37).

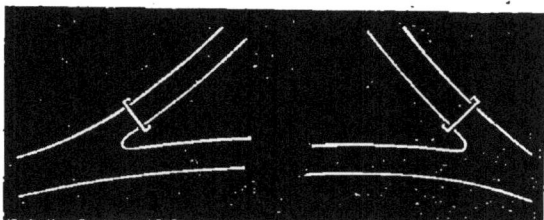

Fig. 37.

Cet arrangement suppose que les deux villes sont
situées absolument à l'opposite l'une de l'autre, et reliées entre elles par une route sur laquelle s'embran-
chent les deux entrées. Cette disposition d'embranchement pourrait, sans inconvénient, être moins régulière;
cela même n'en vaudrait que mieux, dans une propriété du style paysager.

Quand le relief du sol est fortement accidenté entre
le grand chemin et l'habitation, et que par conséquent
on est forcé de gravir une rampe, il faut dissimuler le
plus soigneusement possible les travaux indispensables de remblai, en les reliant par des plantations à
l'ensemble de la propriété.

Les courbes devront aussi être adoucies le plus possible, afin que les piétons n'aient pas l'idée de prendre
le raccourci à travers les pelouses.

Dans les pays où le terrain est très-plat; quand la forme de la maison est régulière et l'intervalle assez grand, une avenue droite, composée de deux ou trois rangs d'arbres homogènes, ormes, tilleuls, platanes, sera d'un effet imposant; mais il faut que la suite du domaine ne soit pas disproportionnée, comme étendue, à cette majestueuse introduction.

L'avenue, emprunt fait au style régulier, doit, pour produire tout son effet, se développer en ligne droite et sur un terrain uni. Des avenues en ligne courbe, ou serpentant sur un terrain montueux, seront toujours d'un aspect mesquin et désagréable.

Dans une cour d'entrée carrossable, on est toujours disposé à exagérer la largeur de l'allée, pour donner aux voitures une facilité de tourner plus grande; et cela au détriment de l'étendue en pelouse et de l'effet général. Trente à quarante pieds de largeur seront suffisants; trente suffiront, en moyenne, à l'entrée principale. Quand la porte d'entrée, donnant sur une route extérieure, n'est séparée de l'habitation que par un espace relativement étroit et borné de tous côtés, force est bien de recourir à la combinaison un peu banale d'une petite pelouse ou d'une corbeille ovale ou circulaire, plantée d'arbustes à feuilles persistantes (*fig.* 38).

Dans quelques domaines où il n'y a pas d'entrée particulière pour les écuries et les communs, et où l'arrivée est du côté principal de la maison, on surmontera cette difficulté à l'aide de là combinaison que nous indiquons ci-dessous (*fig.* 39).

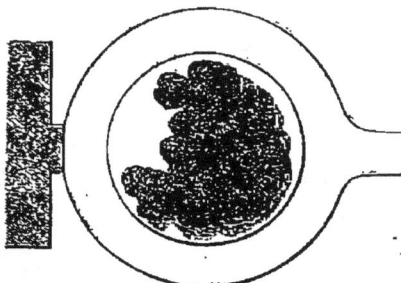

Fig. 38.

Un double embranchement spécial conduit à la maison et en ramène par une courbe, tandis que le che-

Fig. 39.

min inférieur se dirige vers les communs et les

offices. De toute manière, l'entrée doit être calculée de façon à ce que les voitures abordent latéralement. Une voiture arrivant perpendiculairement à angle droit, a toujours besoin d'un plus grand espace pour tourner.

Nous donnons ci-dessous le modèle d'un système d'accès à une habita-
tion placée, comme cela arrive assez souvent, dans le coin d'un do-maine du genre irré-gulier (*fig.* 40).

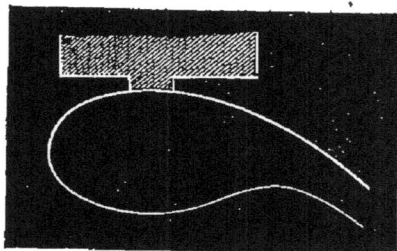

Fig. 40.

Les routes angulaires ou oblongues (*fig.* 41), ou avec des coins enlevés ou octogones (*fig.* 42), ne sont pas d'un entretien facile, mais l'effet en est satisfai-sant dans des propriétés où l'on tient à se confor-mer au style classique, bien que, par suite de la configuration des lieux, 'habitation ne soit acces-sible que latéralement.

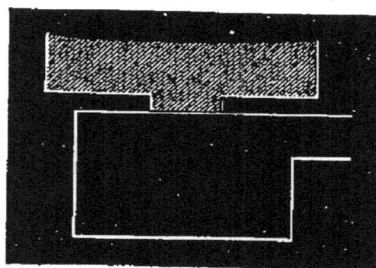

Fig· 41.

L'entrée d'une propriété est souvent accompagnée d'une certaine longueur de murs. Si cette clôture a plùs de trois à quatre pieds de hauteur, il faudra la décorer de lierre ou de plantes grimpantes.

. On peut remplacer ces murs par des haies d'ifs, !de houx ou d'épines taillées régulièrement.

. Un dernier mot sur le mode d'accès des communs. Il

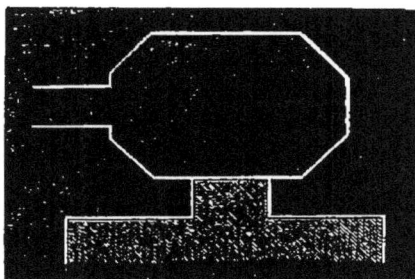

Fig. 42.

sera toujours préférable d'avoir une route particulière, où les charrettes puissent circuler facilement et directement pour toutes les nécessités du service. Si cet arrangement est impossible, on devra au moins s'efforcer de réserver un embranchement qu'on ne puisse confondre avec la route principale.

Allées de promenade. — A moins que le style ne soit classique, les allées de promenade ne doivent pas suivre régulièrement les confins de la propriété; lorsqu'elles en approchent, la ligne de clôture doit toujours rester dissimulée par des massifs d'arbres et d'arbustes.

Dans un jardin irrégulier, le niveau des allées doit varier incessamment; les divers points de vue de

8

la maison, du jardin, du pays environnant, doivent
être pris de la manière la plus favorable, et en général des endroits où le terrain est le plus élevé. En
principe, et à moins d'une configuration du sol exceptionnelle (comme par exemple si l'habitation est ados-
sée à une colline faisant partie du jardin), la maison ne
doit pas être vue d'une plus grande hauteur que celle
où elle est placée elle-même.

Cette règle peut encore souffrir une exception, quand
l'endroit élevé, d'où la maison fait point de vue, en
est séparé par un pli de terrain relativement considérable.

Quand deux allées suivent une direction parallèle,
on emploiera des massifs d'arbustes ou des élévations
de terrain pour dissimuler cet inconvénient. Une
allée doit toujours conduire à un but : à une serre, à
un berceau, à un banc, à une belle vue. Sa direction
naturelle ne peut être fortement modifiée que pour un
motif sérieux, tel qu'un changement sensible de
niveau.

Quand une allée se bifurque, les embranchements
doivent prendre une direction si nettement tranchée, qu'ils semblent ne devoir plus jamais se réunir (*fig.* 43).

Les arbustes où plantations qui garnissent par in-

tervalles les côtés des allées ne doivent jamais former une ligne régu-
lière, ni les ombrager
de façon à les ren-
dre impraticables par
l'humidité.

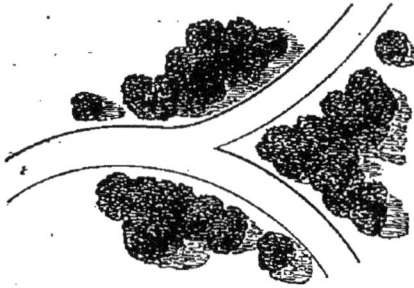

Aussi, dans les cli-
mats particulière-
ment pluvieux, il im-

Fig. 43.

porte de réserver les ombrages les plus épais pour les
pentes rapides, où les eaux s'écoulent facilement.

Clôtures. — En règle générale, toutes les clôtures
d'une propriété de style irrégulier doivent être aussi
bien masquées que possible. La clôture d'un jardin
paysager est un objet de nécessité et non de luxe.
Les matériaux, la couleur, la forme, doivent être ceux
qui attirent le moins l'attention, et qu'on peut le plus
facilement dissimuler.

Dans ce système, les fossés, si faciles à rendre invi-
sibles au moyen de légers mouvements de terrain
sont, quand la nature des limites le permet, la meilleure de toutes les fermetures.

Le but des fossés partiels, dits sauts de loup, n'est
pas de faire illusion sur l'étendue de la propriété,
mais de faire brèche sur une belle vue. Les abords

de cette brèche doivent être habilement dissimulés et fondus avec l'ensemble général des premiers plans.

Dans les campagnes, on emploie naturellement des systèmes de fermeture plus légers qu'aux abords des villes. Le modèle ci-dessous ne manque pas d'élégance (*fig. 44*).

Fig. 44.

Dans ce modèle, le mur a 80 oentimètres environ de hauteur. Les barres de ces balustrades sont rondes. Elles ont environ 25 millimètres de diamètre.

On peut remplacer ces barres soit par des treillages mécaniques, dont le prix est relativement assez modéré, soit par des grilles ou balustrades en chêne ou en châtaignier. Ces grilles de bois sont d'un effet plus agréable que celles en fer, mais la peinture doit en être renouvelée souvent. Voici un modèle de ces balustrades de bois, d'un caractère assez ornemental (*fig.* 45).

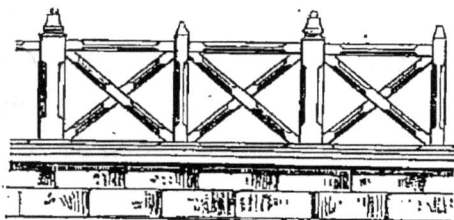

Fig. 45.

On peut recommander aussi, comme système de clôture extérieure solide et facile à dissimuler, les palissades en bois, dont voici le modèle le plus simple (*fig.* 46),

Fig. 46.

Nous ne parlons pas des haies, d'un usage si général malgré leurs nombreux inconvénients, dont les plus graves sont la cherté d'entretien, et la facilité extrême qu'on a de rendre ce mode de clôture illusoire, en y pratiquant des brèches.

Les clôtures intérieures n'exigent pas, bien entendu, les mêmes conditions de solidité. L'emploi des haies taillées, comme séparation aes diverses parties d'un domaine du style irrégulier, est rarement heureux ; elles enlèvent aux objets, aux arbres notamment, leur aspect naturel, et prennent inutilement beaucoup de place. Nous préférons donc, pour établir ces divisions intérieures, une clôture légère en fer, comme celles qui ont tant de vogue en ce moment. C'est une mode anglaise décidément acclimatée chez nous. Les fils de fer galvanisés résistent très-bien aux intempéries de l'air. La nature souple de ce mode de clôture lui permet de suivre tous les contours. Toutefois, sa légèreté et son peu d'apparence deviennent un inconvénient dans les pâtures où on laisse errer librement le gros bétail.

Quand le bois est commun dans un pays, on peut avoir recours à des clôtures de bois rustique à claire-voie (*fig.* 47).

Fig. 47.

Cette clôture, haute de 80 à 90 c. est formée de

branches de chêne, de mélèze ou de châtaignier,
épaisses de 70 millimètres d'épaisseur avec l'écorce.

La figure 48 représente une palissade destinée à dérober aux regards une vue désagréable. On peut la
couvrir de lierre ou autres plantes grimpantes; elle
doit avoir 1ᵐ 50 à 2ᵐ de haut. Ce qui préserve le
mieux des ravages des lapins, c'est un fossé à pic ou
un mur : sinon il faut avoir recours à des treillages
serrés et solides, et les entretenir soigneusement, soit
qu'il s'agisse d'empêcher les lapins de pénétrer dans
l'enceinte, ou de les empêcher d'en sortir.

Fig. 48.

Pour protéger des arbres isolés dans une prairie,
on peut avoir recours à des entourages circulaires
carrés ou à plusieurs pans, de 3 ou 4 pieds de haut et
composés de bois, auxquels on aura laissé l'écorce.

Dans certains parages de la Normandie, on emploie
pour la préservation des pommiers dans les prairies,
un système de défense aussi économique qu'ingénieux.

Il consiste dans un pieu unique très-solide, percé à intervalles égaux de mortaises, dans lesquelles sont assujetties trois traverses tournées en différents sens, et dont l'extrémité finit en pointe. Cette défense est aussi efficace qu'un entourage complet, occupe moins de terrain et emploie moins de bois.

Il est important de donner aux clôtures des teintes douces et peu voyantes. Le gris est celle qui s'harmonise mieux avec le gazon et la végétation en général. Pour les grilles, on peut se servir d'une application de goudron bouillant au pinceau ; ce mode d'entretien est aussi solide qu'économique. Quand les clôtures sont en bois, la couleur de chêne est préférable au vert.

Massifs et plates-bandes. — On peut introduire une variété agréable dans les plates-bandes et massifs, aussi bien par la diversité des plantes, arbres et arbustes, que par la manière dont on les dispose. Quand on plante un massif, il est essentiel de se préoccuper de l'effet à venir, car, au bout de sept ou huit ans, les contours se trouvent complètement modifiés. Les anciens arbres prennent une tournure différente, leurs têtes font saillie ou se reportent en arrière.

Pour obtenir une plus grande variété dans les contours d'un massif, on devra mélanger, sur la lisière, des arbres et arbustes de croissance plus ou moins rapide. La plus grande partie de l'art du dessinateur consiste à tout combiner en vue de la collaboration de la nature, de manière à l'avoir pour auxiliaire et non pour ennemie.

Les lignes plantées sans épaisseur auront toujours un aspect mesquin. Chaque massif doit avoir une harmonie sensible de proportion. Les massifs sont le véritable ornement d'un parc; les bandes ont l'apparence de haies, et manquent d'ampleur et de goût.

Toute plantation au bord d'une allée doit, nonobstant son caractère particulier, ne pas s'éloigner du type général.

Chaque massif doit avoir son rôle dans la scène entière, et être disposé de manière à former partie du tout. Quand on dispose des groupes, il faut donc d'abord se préoccuper du plan général dont ils ne doivent pas se détacher sans motif. Un massif double qu'une allée divise doit, par la disposition de ses contours, sembler de loin n'en former qu'un. Les bords de ces groupes, du côté de l'allée, doivent avoir

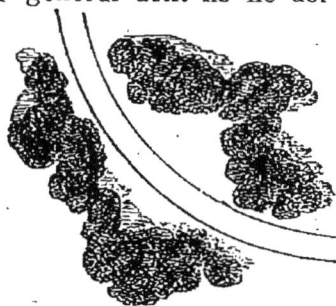

Fig. 49.

un profil irrégulier (*fig.* 49), ou bien uniforme

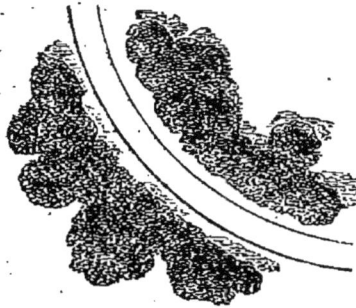

Fig. 50.

(*fig.* 50). Ce dernier exemple doit servir de préférence quand les masses d'arbustes sont étroites et petites; l'autre quand elles ont plus d'ampleur, mais, on ne saurait trop le répéter, la meilleure manière de disposer la forme et la position relative des groupes sera toujours fautive, si on ne calcule pas l'effet des lignes supérieures, quand les plantations auront atteint leur croissance.

En consultant la nature, nous rencontrons bien des exemples de ces maximes. Dans les lignes horizontales des lisières de forêt, on trouve la plus grande diversité dans toutes les parties qui forment cependant un ensemble. Il se présente un grand nombre de courbes différentes plus ou moins amples, se réunissant pour former des masses de végétation, dont la forme doucement arrondie est variée par un arbre ou arbuste de forme élancée; tandis que les bords viennent se joindre gracieusement à la ligne du terrain. C'est là précisément ce que l'on doit rechercher, sur une échelle plus restreinte, dans la plantation d'un jardin. La ligne de l'horizon demande à être accidentée, mais non d'une manière brutale; des arbres, des arbustes, doivent s'élever çà et là, mais être en même temps accompagnés, soutenus (*fig.* 51). Les bords doivent

Fig. 51.

se raccorder avec les autres lignes par les plus douces transitions ; ainsi les arbres de forme élancée ne doivent pas s'élever trop brusquement. Il faut qu'ils paraissent appartenir à un groupe d'arbres de taille intermédiaire, et produisent ainsi un effet analogue à celui du clocher d'une église surgissant au milieu d'un groupe d'arbres.

Fig. 52.

Dans une propriété vaste et située dans un pays accidenté, on obtiendra un effet heureux en plantant çà et là sur le sommet et le versant d'une colline adjacente pour simuler une perspective de grand bois (*fig.* 52).

En procédant ainsi par masses détachées, il faut bien se donner de garde de les disposer par série de bandes, de lignes régulières. Ce dernier système n'aurait d'autre résultat que de diminuer la hauteur apparente de la colline, tandis qu'on doit viser à obtenir l'effet contraire. En observant les groupes d'arbres ou arbrisseaux qui poussent sur le revers des montagnes, dans les anfractuosités creusées et remplies ensuite de terre végétale par l'action des eaux, on verra combien les masses longitudinales sont préférables aux horizontales.

Disposition des fleurs. — L'usage de border les massifs d'arbres ou d'arbustes de fleurs cultivées, est fort commun aujourd'hui, et n'en vaut pas mieux pour cela. L'effet peut en être agréable l'été, mais il sera mauvais l'hiver. On doit donc, en général, proscrire ces bordures factices, mais disposer plutôt les fleurs cultivées en petites plates-bandes à part, de forme circulaire ou autre, où l'on pourra ranger les variétés selon la taille et la couleur. On en aura ainsi tout l'agrément l'été, et l'hiver on pourra facilement gazonner les emplacements des plates-bandes.

L'ancienne méthode des bordures sera souvent remplacée avec avantage par les corbeilles de fleurs de la même espèce : dahlias, fuchsias, pélargoniums, pétunias, etc. — Chaque groupe de plante ainsi séparé peut être soigné de la manière qui lui convient le mieux. La réputation des pélargoniums est faite et se soutient depuis longtemps. Nous reproduisons ici l'une des variétés les plus nouvelles et les plus agréables, le *Pélargonium zonale* (*fig.* 53).

Fig. 53. PÉLARGONIUM ZONALE.

Plantes herbacées et bulbeuses. — Afin de ne pas exclure ces plantes qui ne peuvent être bien réu-

nies en masses, et qui sont si charmantes, surtout au
printemps; on peut les placer à l'entour des massifs
d'arbustes pendant les quatre ou cinq premières années, lorsqu'ils sont encore trop petits pour être serrés
de près par le gazon.

Il ne faut pas oublier, en effet, que les arbustes jeunes et nouvellement plantés ne supportent pas le voisinage immédiat du gazon avant quelques années. Il
faut de l'air à leurs racines pour s'étendre avec liberté ;
sans quoi le plus souvent ils s'étiolent et meurent.

On se préoccupe singulièrement aujourd'hui, et avec
raison, de l'encadrement des massifs de grandes plantes dans des bordures de fleurs moyennes et petites.
L'horticulture moderne dispose actuellement de ressources précieuses pour ce mode de décor. Ainsi, autour d'un massif de plantes d'un port élevé et d'une
richesse tropicale de feuillage, comme par exemple le
Canna atronigricans (*fig.* 54); on peut disposer une jolie
bordure de fleurs rouges en employant le *Coleus Vers-
chafftetti* (*fig.* 62). On obtiendra aussi, autour des
massifs, ou le long des allées d'un parterre de style
régulier une bordure bicolore du plus charmant effet,
par la juxta-position du *Coleus* et de la *Centaurea candidissima* (*fig.* 55).

Fig. 54. CANNA ATRONIGRICANS.

Fig. 55. CENTAUREA CANDIDISSIMA.

Nous signalons aussi, en passant, une autre gracieuse nouveauté pour bordure, l'*Alternanthera sessilis* (*fig.* 56).

Ces plantes et plusieurs autres, peuvent être employées avantageusement dans les jardins et par-terrès de tous les styles, et notamment, comme nous venons de l'indiquer, dans ceux du style ré-

gulier. L'usage de ces ressources nouvelles permettra
de combattre avec plus d'avantage le défaut si amè-
rement reproché naguère aux jardins de ce style ;
la monotonie.

Fig. 56.   ALTERNANTHERA SESSILIS

Culture des fleurs dans les petits jardins.
— Si l'emplacement est trop petit pour que l'on
puisse y réunir ainsi des plantes de même espèce, il
faudra bien les placer dans les massifs, seulement
comme spécimens, quoique cette culture soit à la fois
plus pénible et moins profitable pour les plantes que
celle en groupes similaires. Quand on est réduit à cet
emploi morcelé des fleurs, il faut, du moins, s'appli-

9

quer à éviter la monotonie, et bien disposer l'effet du mélange des espèces diverses.

Des plantations sur les limites. — Les bordures d'arbres ou d'arbustes, destinées à masquer les clôtures de la propriété, doivent être d'abord établies avec la plus grande densité possible, pour obtenir immédiatement l'effet recherché, sauf à retirer plus tard une partie des arbres ou arbustes qui ne manqueraient pas de s'étouffer en grandissant. Le houx est excellent dans ces fourrés, car il pousse et fleurit sous les grands arbres, garde toujours ses feuilles, et forme des touffes de diverses hauteurs. Parmi les arbustes à feuilles caduques, nous recommandons le *Symphoricarpos*, le troëne, les cépées de coignassiers. Les rhododendrons poussent bien à l'ombre, mais ils demandent beaucoup d'eau pendant un an ou deux. Les lauriers forment aussi de beaux rideaux de clôture, mais se nuisent quand ils sont trop rapprochés. Les buis et les ifs résistent mieux dans cette condition, ainsi que l'*Aucuba japonica*, qui produit un effet original dans les massifs compacts ou sous de grands arbres. Les arbustes verts, les sureaux, les cornouilles, les sycomores, les érables, les boules de neige et même les lilas, croîtront sous les arbres, mais n'y fleuriront pas. Le seul moyen de faire réussir les plantes ainsi placées dans l'ombre, est de renouveler de temps à autre la

terre autour de leurs racines afin de compenser l'ab-
sorption des sucs nutritifs, opérée à leurs dépens par
les gros arbres.

Choix d'arbres et d'arbustes. — Un jardin ne
pouvant contenir qu'un nombre limité de plantes, il
importe au dessinateur de faire le choix le plus judicieux parmi les végétaux d'un caractère ornemental
qui réussissent le mieux dans la région où il travaille.
Il doit, en général, et plus particulièrement dans les
latitudes *séquaniennes* où le goût de l'horticulture tend
si fort à se répandre (1), employer un grand nombre de
ces arbres et arbustes toujours verts, qui donnent encore de l'intérêt, de l'animation aux jardins dans la
plus triste saison de l'année. Il faut, suivant l'heureuse
expression d'un écrivain, que « les efforts de l'art
arrachent un sourire à la nature en deuil. »

Pour atteindre ce but, il est indispensable de joindre aux teintes variées et assorties des grands et petits conifères, quantité d'arbustes et de plantes à verdure également persistante, notamment de ceux qui,
comme le laurier-thym, fleurissent aux approches de
l'hiver, et dont les graines, comme celles du houx,
ont un caractère ornemental.

_____

(1) Voir, dans le Manuel de MM. Decaisne et Nardin, l'excellent
chapitre de la « Climatologie de la France, considérée dans ses
rapports avec la culture. » T. II, p. 1.

Parmi les végétaux les plus intéressants de cette
catégorie, on peut citer les diverses variétés de houx,
d'ajoncs à fleurs, de lauriers, de genêts, le *garrya elliptica*, le *mahonia aquifolium*, le *cotoneaster microphylla*,
plusieurs espèces de bruyères, les alaternes ; les lavandes, etc.

On peut encore réunir à cette catégorie les arbustes
et plantes dont le caractère est mixte, en ce sens
qu'outre qu'ils présentent à la fois l'avantage d'une
floraison brillante l'été, et d'un feuillage persistant et
vigoureux en hiver : tels sont les rhododendrons, les
mahonias, les kalmias, les andromèdes, etc.

Il ne faudrait pourtant pas se laisser envahir par
les arbres verts au point d'exclure ceux à feuilles caduques, ou même d'amoindrir leur rôle à l'excès dans
la composition d'un jardin, comme il arrive fréquemment aujourd'hui. On se priverait ainsi du concours
d'une multitude de végétaux qui, par leur léger feuillage, leurs formes gracieuses, leurs couleurs éclatan-
tes, sont l'emblème de la richesse et de la gaieté de
l'été. L'emploi des grands arbres à feuille caduque, in-
digènes ou acclimatés : hêtres, chênes, érables, ormes,
marronniers, châtaigniers, frênes, merisiers, tilleuls,
peupliers, platanes, ailantes, etc., n'est pas moins indispensable pour la diversité des lignes et des teintes.

Allées et pourtour des massifs. — Pour qu'une

allée se présente bien et soit d'un entretien facile, il est indispensable qu'elle soit bombée au milieu, d'une hauteur moyenne de 20 à 25 centimètres au-dessus du gazon adjacent. La même observation est applicable aux massifs de fleurs cultivées (fig. 57).

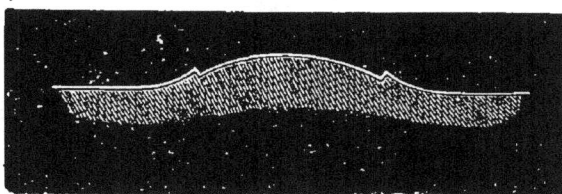

Fig. 57.

Cette méthode a l'avantage d'assainir le sol et de donner plus d'air aux racines des plantes et d'exposer celles-ci plus favorablement aux regards.

En exhaussant la surface des massifs, on en fait mieux valoir les contours ; mais il faut que la pente en soit soigneusement graduée (fig. 58); le gazon doit s'élever

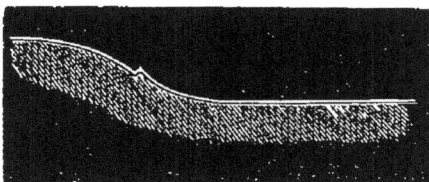

Fig. 58.

de même en pente douce le long des bords, et une bande de terrain large de quelques centimètres, doit être ménagée entre l'extrémité supérieure du gazon et le rebord inférieur du massif.

Les plantes les plus avantageuses, soit pour massifs, soit pour l'emploi isolé sur les pelouses, sont indiquées dans le traité d'horticulture, de M. André (1). Plusieurs, comme les *Yuccas centaurée* de Babylone, *Rhubarbe Ricinus* (fig. 69), sont d'un usage tellement vulgaire que la nomenclature en serait superflue ici. Nous croyons seulement devoir mentionner ici quelques nouveautés gracieuses, notamment le *Maïs japonais* (voir fig. 59), les *Balisiers*, et l'emploi judicieusement fortement recommandé par M. Decaisne, des choux panachés (voir page 48) rouges et violets en massifs.

Nous pourrions presque nous dispenser d'y joindre le *gynerium*, dont l'usage est déjà devenu classique. Il est peu de plantes isolées d'un effet à la fois aussi séduisant et aussi durable.

Plusieurs grandes férules pourraient lui être comparées avec avantage, si ces belles plantes n'étaient pas si éphémères.

CHAPITRE III

OBJETS PARTICULIERS

Importance des petits détails. — Dans le jardin

(1) André., les plantes à *feuillage ornemental.* J. Rothschild, éditeur.

comme dans l'habitation, l'élégance, le confort se composent de nombreux détails qui, pris isolément, peuvent sembler insignifiants, minutieux, mais qui, pris dans leur ensemble, font l'agrément de l'existence intime et journalière. Souvent, la différence d'un arrangement vulgaire ou gênant à une disposition gracieuse et commode, tient à bien peu de chose, mais ce peu de chose ne sera rencontré que par un homme de goût.

Quand un site n'offre rien de particulièrement accidenté, de pittoresque, chose assez ordinaire pour les maisons de campagne situées dans des pays riches et monotones, c'est à l'art qu'il appartient d'y faire naître la variété, l'intérêt, l'agrément, par l'habile disposition, le choix et l'assortiment heureux des plantations de toute nature, et les soins apportés à leur entretien.

Levées, remblais, éminences. — Pour former une hauteur quelconque, il importe avant tout de lui donner un air naturel et en rapport avec ce qui l'entoure. Ainsi, dans la nature, les ondulations s'adoucissent à leur base, et viennent se raccorder en pente douce avec les terrains adjacents. Même dans les collines rocheuses, à quelques exceptions près, les lignes, les contours s'abaissent insensiblement par pentes graduées, jusque dans la plaine. Pour imiter un tel exemple, toute l'éminence en remblái, sauf les terrains

Fig. 59.   MAIS JAPONAIS.

artificiels, qui sont du domaine du style régulier,

Fig. 60. RICINUS C. SANGUINEUS.

doit présenter sur sa surface entière des ondulations plus ou moins caractérisées.

Les contours d'une hauteur destinée à recevoir des plantations, doivent être hardis, et toujours s'adapter à la forme des allées, au but pour lequel on l'a créée, selon qu'elle doit servir à cacher des objets disgracieux, ou à procurer la jouissance d'une belle vue.

Ce sujet est difficile, il réclame beaucoup d'instinct naturel, joint à une longue pratique; cependant on peut établir comme règle générale, que les points les plus élevés devront toujours être les plus larges, les plus arrondis, — comme l'indique la forme la plus ordinaire, et aussi la plus harmonieuse à l'œil, des collines naturelles (*fig.* 61). Cette figure nous donne le contours d'une éminence, avec des lignes désignant les points auxquels les sections se rapportent. Cette règle est d'une application générale dans les jardins.

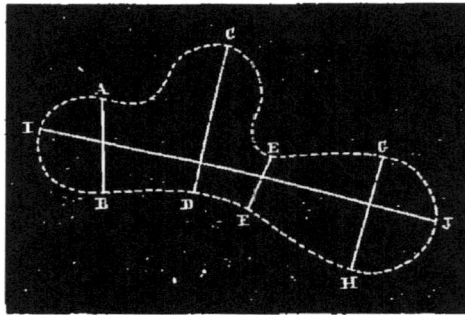

Fig. 61.

L'ondulation de la surface d'une colline, doit être proportionnée à l'importance de cette colline, sous le rapport des dimensions, comme de la hauteur. Une éminence lilliputienne trop accidentée, serait aussi ridicule dans une petite propriété que dans un grand parc.

Une hauteur n'aura jamais l'aspect convenable que si elle se raccorde par une courbe gracieuse. On peut arriver à varier agréablement l'aspect même des digues, des remblais, par la plantation, et le gazonnenènt.

Suivant les lois de l'harmonie générale, les élévations les plus importantes réclament les plantations de la plus haute taille; les moindres doivent être ornées d'arbustes, afin que les contours supérieurs suivent les ondulations du terrain. La destination principale de ces hauteurs, grandes ou petites, doit régler le mode de plantation. Si leur but principal est de cacher des limites, elles devront être entièrement couvertes d'arbres à cimes étagées. Quand elles sont placées entre deux allées parallèles, pour les séparer, il faut ménager de distance en distance des pentes découvertes gazonnées, avec quelques arbustes jetés çà et là. Si une éminence est destinée à procurer une jolie vue du jardin ou de la campagne environnante, l'importance de cette hauteur doit être subordonnée à celle de la propriété dont elle fait partie. La rampe qui

sert à la gravir doit toujours être tournante et dissimulée par des bordures serrées de buissons.

Quelques arbres dispersés sur la pente, donneront
du caractère. L'allée montante doit être relativement
étroite, et gravir en zig-zag d'un côté seulement, ou
en tournant autour de la montée, suivant la disposition des lieux. On peut abréger la montée, en pla-
çant quelques degrés dans les endroits les plus raides.

**Harmonie des plantations avec le style de l'ha-
bitation.** On a beaucoup écrit, et, s'il faut le dire,
beaucoup divagué, sur la manière d'assortir le caractère des plantations avec celui des édifices. En admet-
tant qu'il y eût quelque chose d'utile à recueillir dans
ces théories, ce ne serait guère qu'à propos des grands
parcs. Nous croyons donc inutile de discuter ici, par
exemple, le système du célèbre horticulteur anglais,
Repton, suivant lequel, en principe, les arbres à tête
ronde s'harmonisent mieux avec l'architecture gothique,
et ceux de formes pointues avec les bâtiments d'un
style grec. Cette distinction nous paraît pour le moins
subtile, à propos de jardins ou de parc du style irrégulier. Si l'habitation a un caractère architectural tellement important et accentué, qu'on éprouve le besoin
de lui raccorder le décor du jardin, d'une façon tout à
fait marquée, mieux vaut revenir franchement au
style classique. Mais, si la régularité en est bannie, on

démontrera bien difficilement que le voisinage d'un
sapin de grande dimension, d'un if plusieurs fois cen-
tenaire, puisse être moins convenable dans le voisinage d'un édifice ancien ou moderne de style gothique,
que celui d'un chêne ou d'un orme , et que la présence d'un cèdre du Liban ait quelque chose de choquant à proximité d'un portique grec.

Pour formuler d'un mot notre opinion, il nous paraît
chimérique et anormal de chercher à maintenir, dans
le style irrégulier, une harmonie entre la forme naturelle des arbres et la structure des édifices, et un bel
arbre de n'importe quelle espèce sera toujours le bien-
venu auprès d'une habitation de n'importe quel style.
Si pourtant l'on vient à admettre que les contours de
certaines espèces d'arbres s'accordent mieux avec certains styles d'architecture, nous ajouterons qu'il importe encore plus de tenir compte des teintes de la
verdure, et aussi des formes du feuillage. Ainsi, la verdure sombre sied bien aux abords des édifices antiques, ou simulant adroitement l'antiquité, tandis que
les teintes légères s'harmonisent mieux avec ceux d'un
caractère plus moderne et plus animé. Suivant Kemp,
les feuilles légères, maigres, découpées s'adaptent à
l'architecture grecque, tandis que les feuillages épais,
font mieux ressortir les détails délicats des sculptures
gothiques et de la Renaissance.

Les arbres peuvent être plus rapprochés d'un édifice d'un caractère ancien que d'une habitation moderne. Quel que soit le style du bâtiment, on peut
être certain qu'un arbre d'une tournure élégante
adoucira toujours l'effet disgracieux d'un angle ; mais
il faut qu'il ne cache aucun détail de construction ou
de sculpture intéressante. De même, un buisson bas,
quelques arbustes, orneront plutôt qu'ils ne dépareront
un coin vide ou disgracieux, surtout s'il y a quelque
inégalité dans les niveaux, chose fréquente aux abords
des anciennes constructions.

Dans une propriété du genre irrégulier, une habitation de n'importe quel style ne doit jamais paraître
isolée; il faut qu'elle se relie au paysage. Si les
lignes ne peuvent se raccorder d'une manière harmonieuse, il faut y pourvoir au moyen des arbres isolés
ou de groupes de plantations. L'observation de ces préceptes est encore plus essentielle, quand la maison est
située sur une éminence; mais à moins de circonstances bien particulières, les arbres ne doivent pas approcher tout à fait de l'extrémité des bâtiments.

Il n'y a pas de sujet que les dessinateurs de jardins
aient moins étudié que la nécessité de quelques arbres
ou arbustes pour ajouter à l'effet de l'habitation ; et
pourtant, sans ce soutien, une maison de campagne,
un château même auront l'apparence d'une maison de

ville. Ce défaut d'accompagnement produit un effet
fâcheux dans plusieurs des plus importantes résiden-
ces de l'Angleterre, notamment à Blenheim et à
Windsor.

Pour produire les effets principaux de teintes dans
un jardin, on groupe des plantations mélangées, disposées de manière à former d'heureux contrastes.
Mais il n'en est pas moins indispensable d'employer,
sur les premiers plans, des massifs dont chacun se
compose uniquement de plantes d'une même espèce,
ou de deux dont l'un sert de cadre à l'autre, comme
nous l'avons fait observer ci-dessus, en conseillant, par
exemple, les *Cannas* (voir fig. 54), avec bordures de
Coleus ou d'*Alternanthera* (Voir fig. 56). Il faut que
les sujets qui composent ces réunions d'arbustes ou
de plantes remarquables pour leurs fleurs ou leur
feuillage, soient assez rapprochés pour qu'on ne distingue qu'une masse et non des tiges séparées. On
forme ainsi des groupes de rhododendrons de variétés
similaires, fleurissant toutes à la fois, de mahonias
aquifolium, de *Cydonia Japonica*, d'azalées, de roses,
d'hortensias, même de cornouilliers, arbuste commun, mais qui a bien son mérite, en automne,
quand les feuilles changent de couleurs, et en hiver,
quand ses branches rouges font de loin l'effet de
branches de corail. Le tamari, arbuste élégant,

qui, à la différence de tant d'autres, réussit surtout dans les endroits les moins abrités, sera utilement

Fig. 62. COLEUS-VERSCHAFFELTI.

employé pour garnir le côté escarpé d'une colline, le genêt dans une plantation extérieure, les bruyères, dans les endroits où l'on a besoin de touffes de plantes basses, etc.

On procède de même par groupes similaires pour les plantes annuelles, dont on obtient ainsi l'effet le plus riche pendant la belle saison.

Effets d'ombre et de lumière. — Quand des arbres ou des arbustes sont plantés sur le revers méridional d'une ondulation de terrain, le jeu des ombres vient embellir le paysage. La recherche des effets d'ombre et de lumière n'est pas moins importante pour le dessinateur de jardins que pour l'architecte.

Parmi les formes gracieusement ondulées d'un jardin paysager, comme à travers les lignes majestueuses d'un encadrement classique de parterres et d'allées droites, Le soleil a son rôle ainsi que l'ombre. On éprouve surtout l'agrément de ces alternatives, de ces effets flottants de clair-obscur, pendant les temps incertains si ordinaires dans nos climats du Nord, alors que le soleil ne brille que d'un éclat intermittent, et que l'ombre des nuages interposés promène çà et là parmi les pelouses, les massifs, les cimes des grands arbres, ses traînées capricieuses.

Le talent du dessinateur peut s'appliquer avec succès à faire valoir ces scènes mouvantes de la nature, à les encadrer de manière à en rendre l'impression plus vive. En effet, c'est principalement au soleil couchant

10

que ces jeux alternatifs offrent le plus grand intérêt, à cause de l'allongement des ombres. C'est donc vers l'ouest et le sud-ouest que les lignes et les masses des plantations doivent être disposées, de manière à ce que le jeu des ombres s'y produise dans les meilleures conditions.

. Un autre effet des plus heureux, des plus dignes de recherches, est celui d'un rayon de soleil couchant, arrivant en droite ligne par un couloir de verdure habilement ménagé, et traçant un long sillon couleur jaune d'or sur le vert des pelouses. .

D'autres expositions, quoique moins importantes pour les jeux de lumière et d'ombre, ne sont pas pourtant à négliger. Au sud, il faut que les arbres soient d'une très-grande ouvergure pour produire un certain effet. A l'est, on ne doit planter qu'avec précautions, car trop d'ombre de ce côté serait nuisible. Dans l'étendue entière du jardin, la position des massifs d'arbres doit être calculée de manière à donner des ombres avantageusement variées selon les heures, et à diversifier d'une façon agréable l'aspect des allées. Mais il faut toujours que ces effets d'ombre aient une certaine ampleur.

Emploi des plantes grimpantes. — On doit, dans tout jardin, réserver des endroits convenables pour les plantes grimpantes, par exemple des berceaux des

treillages ou des fils de fer. Un mur, un toit peuvent
aussi servir d'appui à des plantes de ce genre; c'est
une charmante manière de cacher un détail désagréable. On peut aussi, quand l'emplacement s'y prête,
organiser une série d'arcades treillagées, conduisant
du jardin au potager, ou à quelques parterres. Pour
ce genre d'ouvrages, le fil de fer est plus durable et
préférable au bois. Il peut aussi s'approprier plus facilement à toutes les formes.

Une vérandah, un corridor ou portique extérieur
ajouté dans le coin d'une maison, offrent encore des
occasions d'employer les plus belles espèces de plantes
grimpantes (Voir fig. 16). Quand une vérandah est
élevée, elle ne nuit pas au jour pendant l'hiver; et
l'été l'ombre des plantes ilvolubes dont elle est ornée,
est d'un heureux effet.

Dans un jardin régulier, au centre d'un parterre,
ou à l'extrémité d'une allée droite, un petit pavillon en
fil de fer recouvert de plantes grimpantes sera d'un
joli effet et fort agréable pendant la belle saison;
mais il faut, en général, ne pas trop multiplier les ornements de cette espèce, et surtout choisir des formes
élégantes et simples.

Massifs de plantes d'hiver. — Pour remédier à
l'inconvénient d'avoir de grandes places vides sur les
pelouses pendant l'hiver, quand on a enlevé les fleurs

annuelles et les plantes de serre qui ont figuré en massifs pendant la belle saison, on les remplacera par les espèces les plus basses d'arbustes à feuilles persistantes, qu'on réservera en pots pour cette destination.

Les espèces les plus propres à cet usage, si le terrain est siliceux et frais, sont les bruyères, surtout l'*Erica carnea*, les *Cotoneaster microphylla*, le *Mahonia aquifolium*, *Menziesia Dabœci*, les *Andromeda*, le *Pernettia mucronata*, l'*Arctostapylos uva-ursi*, le *Gaultheria shallon*, *G. procumbens*, *ledum latifolium*, les roses de Noël, les pervenches variées, etc.

Chacune de ces espèces peut servir à regarnir tout un massif, et l'on conserve ainsi de la verdure et de l'animation pendant l'hiver, sans trop de dépenses, ni de travail.

Bordures des grands massifs. — Quand les grands massifs d'arbres ou d'arbustes sont trop épais, souvent leur ombrage empêche jusqu'à une certaine distance le gazon de croitre, et favorisent la croissance des mauvaises herbes. Pour remédier à cet inconvénient, il faut couvrir ces parties de planches qui volontiers croissent à l'ombre, comme la pervenche, le lierre, l'*hypericum calycinum*. Ces plantations réclament un bon arrosage pendant deux ou trois ans.

Embellissement des haies. — Quand un enclos est fermé par des haies, on peut atténuer la raideur,

la monotonie de leurs contours, en y laissant croître
çà et là des houx, ou d'autres arbustes, même des arbres à haute tige comme le férier qui s'emploie avantageusement pour ce genre de clôtures. On peut au
adosser à la haie quelques touffes d'épines ou de houx
disposés irrégulièrement et qu'on ne devra jamais
élaguer. Ces broussailles piquantes ont aussi l'avantage
d'écarter le bétail.

Beaucoup d'arbres à feuilles caduques peuvent servir
à faire des haies, mais celles d'épines sont les plus
solides. On en fait aussi de fort belles dans quelques
pays, avec différentes espèces d'arbres verts. Celles
de houx sont peut-être les plus belles de toutes, mais
bien lentes à croître.

En général, les plantes destinées à composer une
haie, sont mises en terre sur un seul rang, et à une
distance d'à peu près 20 centimètres.

Dans les jardins dits à *la française*, où la taille joue
un si grand rôle, les arbustes les plus propres à ce
genre de décoration sont les ifs, les houx, le buis, le
tuia, le laurier de Portugal, le chêne vert, le charme
et le hêtre, le laurier thym, le buplèvre les troënes, *etc.*

Abris contre les vents de mer. — Les nouvelles
plantations réclament souvent un abri temporaire ;
cette précaution est surtout de rigueur dans les localités exposées aux vents de mer. On doit avoir alors

des plantations d'espèces robustes qui protègent les espèces plus délicates. Quelques variétés de peupliers, de saules sont les arbres à qui ce rôle est surtout dévolu, mais on devra les élaguer et ensuite les détruire à fur et mesure que les plantations qu'ils défendent, prendront la force nécessaire pour se défendre elles-mêmes.

Toutefois il importe de remarquer que bien des arbres et des arbustes, même adultes, souffriront toujours du vent de mer. Il faudra donc toujours, dans les localités voisines du littoral, réserver les plantations délicates pour les parties les plus basses et les mieux abritées des jardins.

Des bordures. — Parmi les variétés de bordures, l'herbe, quand elle est bien entretenue, est encore la meilleure; celle qui s'harmonise le mieux avec l'architecture et la végétation en général. Sa couleur fait ressortir celle des fleurs; une bordure doit être plate, et pas trop étroite, afin qu'on puisse la couper régulièrement sur les bords.

Les bordures de buis sont sujettes à bien des inconvénients, et ne conviennent réellement que dans les jardins réguliers. Là, elles sont le véritable accompagnement des parterres entourés de petites allées; cependant, pour les abords immédiats de la maison, on devra leur préférer de petits cadres, en pierre.

Les briques, les ardoises, les tuiles, peuvent être employées dans les potagers. La *gentiana acaulis*, plantée sur double rang, forme une jolie bordure ; les bruyères conviennent à des plates-bandes de fleurs étrangères ; les pervenches à celles qui ont besoin d'ombre.

Depuis quelques années, l'usage s'est établi de mettre des bordures aux massifs d'arbustes, aussi bien qu'à ceux de fleurs.

Pour ces derniers, on peut employer, comme bordures, des fleurs de même espèce, mais plus petites et de couleur différente ; mais c'est une fantaisie qui exige beaucoup de goût dans l'exécution. Nous avons indiqué ci-dessus quelques-unes des nouveautés les plus gracieuses dans ce genre.

Les bordures ornementales de fil de fer dont le bord est tourné en dehors sont utiles pour les grandes plates-bandes ; elles peuvent servir aussi de support à de jolies plantes grimpantes, telles que les variétés de *maurandya*, de *lophospermum*, de *tropœolum* et de *convolvulus* ou liserons cultivés.

On peut aussi employer quelquefois des bordures en bois rustique ou en bloc épais ; lorsqu'on désire élever les plates-bandes, ces bordures servent à soutenir la terre, et on peut les orner de plantes grimpantes de toute espèce.

CHAPITRE IV

APPLICATION

Création d'un jardin. — Nous croyons utile de joindre ici la description d'une très-petite propriété dans laquelle on a fait une heureuse application de la plupart des principes ci-dessus exposés. C'est une œuvre d'Edward Kemp, l'un des plus habiles dessinateurs anglais de ce temps-ci.

Cette propriété est à peine d'un hectare et demi. Sa création remonte à 1854 (*fig.* 63).

La maison est en pierres et de style gothique. nos 2. Petite cour. — 3. Cour d'écurie. — 4. Ecuries et étables. — 5. Sentier conduisant des étables et des écuries dans la campagne. — 6. Serre tempérée avec escalier conduisant au potager. — 7. Serre chaude. — 8. Cour de jardin avec un hangar pour les outils, pour les pots à fleurs.

Une pente douce naturelle conduit de la maison dans la direction du Sud-Est, à une dépression de terrain qui forme un des points de vue de la maison no 10.

Cette espèce de vallon creux, abrité de toutes parts,

est décoré de massifs de fleurs et d'arbustes verts, entourant un bassin octogone et une fontaine. Enfin le

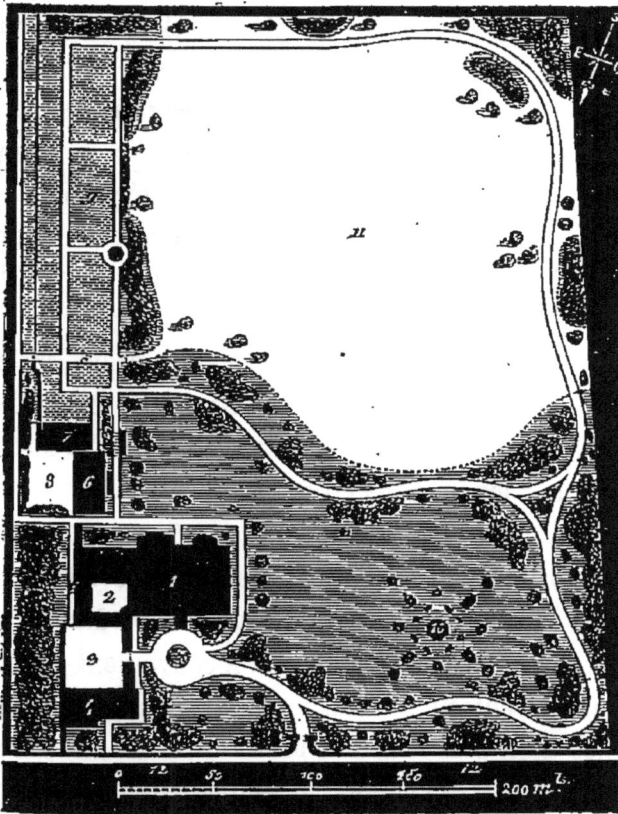

Fig. 63.

n° 11 est un petit champ enveloppé par une section de l'allée de ceinture avec quelques plantations qui suffisent pour lui donner un caractère ornemental, sans l'encombrer ni en gêner l'exploitation. Elles sont même calculées de manière à l'avantager, en masquant les lignes droites et les angles de clôture qui auraient diminué sa surface apparente. Il y a là une fusion habile de l'utile à l'agréable, de graves difficultés heureusement surmontées. Le dessinateur a su composer dans un petit espace, un ensemble intéressant, donner de l'animation, de l'élégance, et même une sorte de grandeur, à une propriété qui semblait n'offrir que des éléments vulgaires.

Parterres. — Un parterre, ou jardin spécial de fleurs, doit être situé dans la partie la mieux exposée et la plus rapprochée de la maison, autant que possible sous les fenêtres du salon.

Les plates-bandes doivent être symétriques et en rapport les unes avec les autres dans une propriété sans prétention; toute forme extraordinaire serait d'un fâcheux effet, outre l'inconvénient d'une dépense d'entretien beaucoup plus forte. Les formes simples sont plus faciles à bien entretenir, et conviennent mieux à l'arrangement des plantes. Les plates-bandes ne doivent jamais être trop grandes, et il faut laisser aux espaces qui les séparent une largeur suffisante pour que l'on puisse circuler facilement.

Le nombre des allées sablées, dans un parterre de

fleurs, doit être réduit au strict nécessaire. Au milieu ; un bassin entouré d'une plate-bande circulaire, ou une plate-bande circulaire seule feront toujours bon effet. Pour un parterre, une surface plate est essentiellement préférable ; si pourtant il y a une pente, il faut qu'elle parte de l'habitation ou de la serre que le parterre accompagne.

Dans les petites propriétés irrégulières, aussi bien que dans les grandes, les formes de fantaisie, telles que chiffres, silhouettes d'animaux, couronnes, cœurs, etc., ne seront jamais que des tours de force puérils et d'un goût équivoque.

La figure suivante représente une des formes les plus simples et les meilleures (*fig.* 64) ; c'est, comme

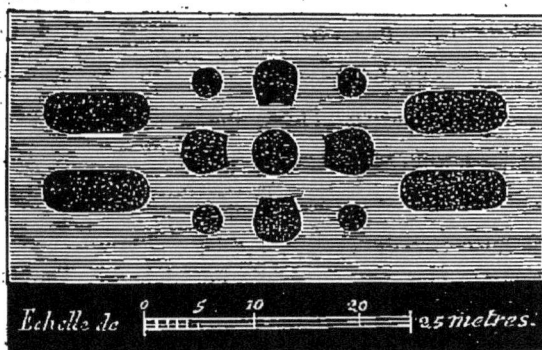

Fig. 64.

on voit, un groupe de plates-bandes au centre d'une

allée bien disposé pour recevoir les fleurs, et sans la

moindre prétention. Le
modèle suivant (*fig.* 65),
d'une grande simplicité,
paourtant quelque cho-
se de plus artistique :
en en variant l'étendue,
cette forme peut conve-
nir dans les jardins de
tout genre.

Fig. 65.

Fougeraie et rockers artificiels. — Même dans
une propriété d'étendue médiocre, il serait regrettable
de se priver des fougères, ces plantes, non moins curieuses que gracieuses, dont la vogue s'accroît tous les
jours. On sait que les fougères réclament des installations rocheuses, humides et particulièrement ombragées. Nous citons surtout les *Asplenium adiantum nigrum*,
l'*Aspidium angulare*, *Trichomanes radicans*; l'*Adiante
cheveux de Vénus* sous les parois d'une grotte, la *Scolopendrium officinarum* (1). Il importe donc de leur réserver
un emplacement retiré, où l'on accède par un sentier

(1) *Les fougères.* Choix des espèces les plus remarquables
pour la décoration des salons, serres, parcs, jardins et apparte-
ments; précédé d'une Histoire botanique, horticole et pittoresque
de ces gracieuses plantes, par MM. Rivière, jardinier en chef du
Luxembourg, E. André, jardinier principal de la ville de Paris, et

ondulant à travers la verdure. L'emplacement rocheux devra être organisé d'une façon pittoresque, que M. Naudin désigne sous le nom de *fougeraie*, en évitant toute exagération trop en désaccord avec la nature générale du terrain et l'étendue de la propriété. Tout en ménageant dans cette installation des emplacements convenables pour les fougères et autres plantes qui ont besoin d'ombre, il faudra cependant réserver quelques parties exposées au soleil, car certaines autres plantes le réclament. Ces rocailles peuvent aussi être employés pour les fondations rustiques d'un bâtiment; elles conviennent spécialement auprès d'un étang orné de plantes aquatiques. L'humidité est très-nécessaire à plusieurs de ces plantes qui croissent parmi des rochers. Il faut donc s'arranger pour y conduire un filet d'eau courante, et si cette eau est assez abondante pour alimenter une petite cascade, ce sera un agrément de plus.

Les rochers doivent être formés autant que possible avec des matériaux naturels. Tous les produits artificiels, tels que briques, scories, sont toujours du plus mauvais goût. En un mot, il faut s'efforcer d'imiter

E. Roze, vice-secrétaire de la Société botanique de France. Un fort volume grand in-8, illustré de 75 chromolithographies et 112 gravures sur bois par Riocreux, Poteau, Faguet, Yan'Dargent, etc., 300 pages de texte. Paris, J. Rothschild, éditeur, 43, rue Saint-André-des-Arts.

le plus possible la nature. La forme de ces rochers ne doit être ni trop simple, ni trop exagérée; quelques buissons çà et là, quelques petits arbres pleureurs, des arbustes verts, des plantes habilement disposées dans les interstices sont tout à fait indispensables.

Les groupes de rochers ne doivent jamais commencer ni finir brusquement, mais se relier insensiblement au reste, par l'effet de quelques rocs jetés comme au hasard. Ce détail a la plus grande influence sur l'aspect général.

Les buissons traînants, les arbustes à feuilles persistantes, les arbres pleureurs, enfin toutes les plantes d'un aspect pittoresque et sauvage, sont celles qui s'adaptent le mieux aux rochers. Diverses variétés de plantes grimpantes, courant d'un roc à l'autre, seront toujours d'un charmant effet parmi les arbres verts; parmi ceux-ci, les plus convenables en pareil lieu sont les houx, les buis d'espèces variées, le *juniperus recurva*, et si l'espace le permet, les ifs, les pins d'Écosse, les sapins d'Autriche, etc. Pour peu que le terrain favorise la croissance rapide de tels arbres, ils donneront bientôt une tournure véridique et imposante aux moindres rochers artificiels.

Les rochers peuvent remplir plusieurs buts utiles; ils servent à réunir avec avantage deux remblais·dans un jardin; ils les dissimulent en augmentant la soli·

dité. Si une des allées du jardin doit passer dans une tranchée, des fragments de roches incrustés çà et là donneront à ce passage l'aspect d'un défilé naturel.

Dans les endroits où il est difficile de se procurer des pierres, on peut y suppléer par des souches, des racines, des troncs d'arbres noueux et crevassés. On peut en tirer le parti le plus heureux en coulant de la terre dans leurs anfractuosités et y disposant des fougères, des iris, des passiflores.

Des eaux. — Un ruisseau d'eau courante dirigé avec goût, une petite pièce d'eau bien dessinée, bien entretenue, comptent parmi les principaux ornements d'un jardin ou d'un petit parc. Mais si les eaux ne sont pas l'objet de soins intelligents et suivis, elles cessent d'être un agrément pour devenir un fléau. Cette observation est vraie surtout de celles qui ne peuvent se renouveler d'une façon constante, et à propos desquelles on a fréquemment à combattre, dans les temps de chaleur et de sécheresse, les fâcheux résultats de la stagnation.

Suivant la judicieuse maxime d'un ancien horticulteur anglais, l'art doit surtout se préoccuper de la marche (*progress*) en ce qui concerne l'eau courante, et des détails du pourtour (*circuity*) pour les eaux plus

ou moins dormantes (1). Les premières pourront che-
miner sans inconvénient sous une voûte épaisse de
verdure, tandis que les autres devront être exposées,
au moins d'un côté, à l'action de l'air et de la lumière.
L'expérience nous apprend, en effet, que les étangs
entièrement enveloppés d'arbres sont toujours tristes
et malsains. Quant aux formes du pourtour, les plus
simples sont toujours les plus convenables, surtout
dans une petite propriété. Les bordures de pierre sont
les mieux appropriées à un jardin de style classique.
Au contraire, la configuration arrondie, l'ellipse plus
ou moins allongée conviennent mieux quand on recherche l'imitation de la nature.

Le principal avantage d'une forme elliptique con-
tournée pour une pièce d'eau, est d'empêcher qu'on
né l'embrasse entièrement d'un seul coup d'œil;
quelques courbes, quelques creux, aidés des artifices
de la plantation, pourront faire paraître l'étendue
d'eau bien plus considérable qu'elle n'est en effet. Les
îles contribuent beaucoup à la beauté d'une pièce
d'eau un peu grande.

Les bords d'une pièce d'eau irrégulière doivent
être plantés en partie, et toujours plus ou moins ex-

(1) Repton, *Observations on modern gardening.* London,
n-4°, 1801.

haussés. La plantation doit être calculée de manière à ce qu'il y ait çà et là, dans la partie ombragée du décor, de grands arbres dont les branches s'inclinent jusqu'à l'eau, et notamment des arbres pleureurs. Les saules, les aulnes ordinaires ou à feuilles en cœur, feront toujours bien au bord de l'eau. On arrive à un effet peu commun et très-remarquable, en disposant un ou deux platanes sur un rebord un peu escarpé à l'extrémité de la partie plantée, de façon que la tige incline fortement sur l'eau, et dans une exposition telle que la cime se trouve brillamment éclairée au lever ou au coucher du soleil. On obtient ainsi une forme d'arbre pleureur de grande taille, et aussi solide qu'élégant.

Parmi les arbres à planter isolément sur l'extrême rebord des eaux, nous recommandons particulièrement le cyprès de la Louisiane ; arbre à feuilles caduques, mais dont l'effet est agréable l'été par le ton léger de sa verdure, et surtout l'automne, par sa couleur d'un rouge magnifique. Dans les îles, on emploiera avantageusement les tulipiers.

Mais comme je l'ai déjà dit, c'est avec la plus grande circonspection que ces plantations devront être faites, en réservant les divers points de vue, en ménageant des espaces libres aux rayons du soleil, qui animeront et vivifieront l'eau par de gracieux reflets.

11

Dans quelques places soigneusement choisies, la rive doit être en pente douce; ailleurs elle devra se relever à pic. Là, quelques vieilles racines, quelques rochers bien disposés varieront les effets; mais c'est très-rarement que l'on doit recourir à ce genre de décor, surtout dans les petites propriétés. Des travaux de ce genre, même peu considérables, ne devront pas être confiés à un simple jardinier.

Les plantes aquatiques, roseaux, nénuphars, etc., peuvent croître dans toute pièce d'eau; mais elles sont plus à leur place dans celles qui ont un aspect naturel, rustique (voir page 73). Quand elles sont plantées auprès des bords, il faut les soutenir de quelques arbres ou arbustes isolés.

Il est bien plus facile de tirer bon parti du moindre filet d'eau courante, que de rendre les eaux dormantes agréables, et d'en neutraliser les inconvénients. En thèse générale, plus l'eau d'un petit étang artificiel se renouvelle difficilement, plus il importe que les abords en soient découverts, surtout du côté le plus exposé au vent, qui emporte la mauvaise odeur, et communique à l'eau une agitation factice, susceptible de faire illusion, pour peu que la pièce d'eau soit bien dessinée. On ne doit pas négliger non plus d'augmenter l'approvisionnement d'eau au moyen d'un système de

drainage soigneusement entretenu. Si la forme et la
nature du terrain s'y prêtent, quelques drains dissimulés par quelques pierres et quelques plantes, déver-
sant leurs eaux dans l'étang par une pente rapide,
produiront pendant la majeure partie de l'année l'effet
de véritables ruisseaux d'eau courante.

Les palmipèdes, cygnes, canards, sarcelles, etc., ani-
ment singulièrement l'aspect d'une pièce d'eau, mais
ils ont l'inconvénient d'en dégrader les bords, et de
détruire les plantations aquatiques et le frai des pois-
sons. On doit donc ne les employer qu'avec beaucoup
de réserve dans les petites propriétés.

Il sera toujours possible d'agencer la plus modeste
pièce d'eau de manière à motiver l'intervention d'un
pont, mais ces ponts devront avoir un aspect d'autant
plus simple, que la propriété sera moins considérable.
Le bois rustique, la pierre, en forment les principaux
matériaux. Quand il ne s'agit que de franchir un
ruisseau ou l'angle d'une petite pièce d'eau, une simple planche avec une rampe suffit. Dans les petits jardins comme dans les grands, il faut, pour la construction des ponts rustiques, rechercher la légèreté,
éviter la prétention. Nous donnons ici un modèle convenable dans une petite propriété (*fig.* 66).

Berceaux, sièges, pavillons. — Le nombre des

places de repos, berceaux, siéges en bois ou en métal, pavillons rustiques et autres, doit être proportionné à

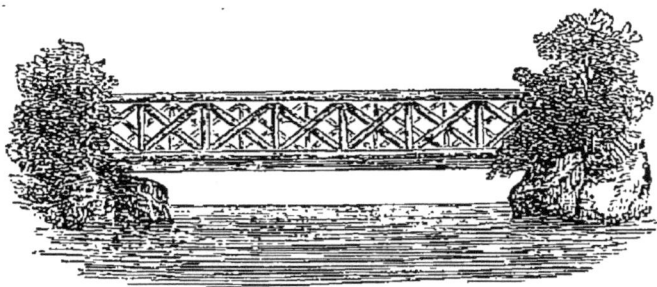

Fig. 66.

'étendue du jardin : il serait puéril de les multiplier à l'excès dans une petite propriété. La place la plus convenable pour l'installation d'un pavillon est au centre, dans le voisinage de l'eau s'il y en a, ou à une extrémité du domaine, dans un endroit d'où l'on ait vue sur la campagne. Il faut éviter de l'établir dans un endroit bas ou trop ombragé; un plancher élevé est de toute nécessité. On doit éviter aussi d'employer dans ces constructions des matériaux sujets à se détériorer promptement. La mousse, la bruyère, offrent cet inconvénient pour les siéges, soit dans des pavillons, soit en plein air; on peut en dire autant des siéges de gazon.

La figure suivante représente un modèle de pavil-

lon en mélèze, avec toits de chaume et siéges en sapin (*fig.* 67).

Des serres. — L'installation d'une serre n'est plus
aujourd'hui un objet de
luxe, elle est de première
nécessité pour un ama-
teur de jardins. Quand
elle est jointe à la maison,
combinaison qui a son bon
et son mauvais côté, elle a
souvent l'inconvénient de
paraître une superfétation,
de faire tache sur l'ensemble des bâtiments. Il est
toujours difficile, en effet,
de faire figurer avantageusement une serre dans le
dessin général d'une habi-

Fig. 67.

tation. Il faut qu'elle soit combinée de manière à ce
qu'elle en fasse partie intégrante, et ne semble pas y
avoir été ajoutée après coup.

Les serres en fer léger avec des toits curvilignes ne
font bon effet qu'isolées; elles ne s'adaptent jamais
bien au bâtiment. La façade d'une serre en fer située
auprès d'une construction, doit être aussi élevée que

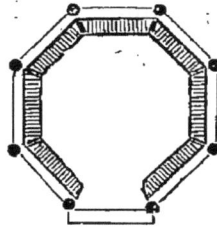

le plafond du premier étage, sa corniche à la hauteur de celle du bâtiment; le toit doit être aussi plat que possible, afin d'être moins apparent. Enfin, un des caractères essentiels est la libre admission de la lumière pour que les plantes puissent croître facilement. La meilleure situation d'une serre est au sud-est ou au sud-ouest; mais si elle est de pur agrément, sa situation importe peu.

Il est agréable d'avoir une serre attenant à l'habitation; c'est, en tout temps, une promenade toujours accessible, mais elle ne peut servir alors qu'à disposer des plantes en pleine fleur, et non au détail de la culture. On peut maintenant y joindre sans beaucoup de frais un aquarium orné de quelques-unes de ces belles plantes aquatiques aujourd'hui à la mode, comme le *Ceratopteris thalictroides* (fig. 68). Il est absolument nécessaire, quand on possède une serre de ce genre, d'en avoir une seconde, d'utilité pratique, où l'on se procurera de quoi orner la première. On ne doit jamais se servir d'une serre comme d'une entrée; mais une antichambre ornée de fleurs est l'introduction la plus agréable dans toute maison de campagne, petite ou grande.

Dans une serre d'un style sévère, les statues, les vases, seront d'un bon effet. La verdure foncée de cer-

taines plantes, comme, les camélias, en fera ressortir
la blancheur, On évitera d'employer des porcelaines

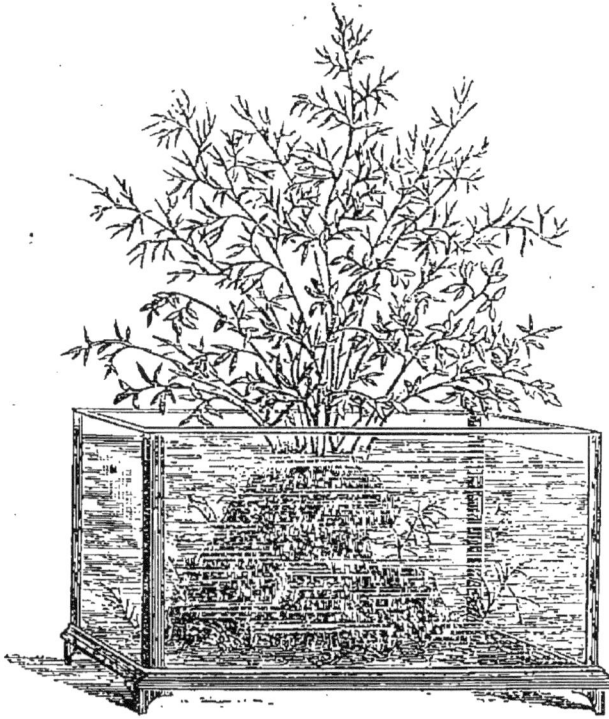

Fig. 68.

ou des faïences à tons éclatants et criards, qui nuisent à l'effet des fleurs. C'est un défaut de goût fort
commun en Angleterre, ainsi qu'on peut s'en con-

vaincre en ce moment même à l'Exposition Univer-
selle.

Le toit de la serre est un objet des plus importants.
Généralement il doit être plat. Dans les serres de style
gothique, fantaisie encore assez commune en Angleterre, les poutres devront être en saillie et utilisées
pour les plantes grimpantes.

Le dallage d'une serre d'agrément, en pierre ou en
marbre, doit être uniforme, ou du moins ne pas présenter des variétés de couleur trop saillantes.

Une serre destinée à la culture doit être d'une élévation modérée et à l'exposition du sud. Il est avantageux que le toit n'ait que la hauteur suffisante
pour qu'on puisse circuler avec aisance dans l'intérieur ; ce peu d'élévation est convenable pour la croissance et le bon entretien des plantes. Dans l'arrangement intérieur de ces serres pratiques, il est bon que
la principale étagère se trouve au centre, et les autres plus étroites adossées aux murs. Les plantes doivent être disposées en gradins afin d'être plus en
vue, mieux exposées au soleil ; ceux à claire-voie ont
l'avantage d'être plus faciles à tenir proprement
(fig. 69).

Cette figure nous représente une serre dans le genre
de celles que nous venons de décrire. Le toit peut

s'ouvrir, les étagères à gradins sont au centre, celles des côtés sont plates, les appareils de chauffage
placés sous ces der-
nières. Il y a des ven-
tilateurs à lames de
bois ou de fer. Les
châssis droits sont sur
pivots, ce qui permet
plus d'aération. Tou-
tefois, il serait plus
prudent de laisser à
demeure les châssis
à la hauteur des ta-
blettes du fond.

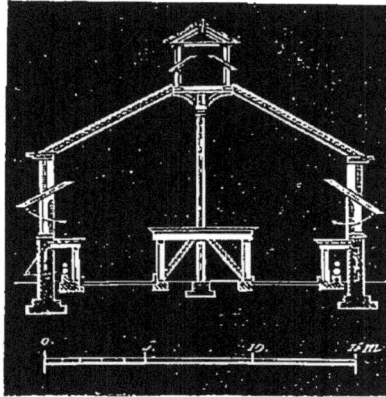

Fig. 69.

Les plantes grimpantes sont un des plus agréables
ornements d'une serre, et ne font aucun tort aux autres
plantes quand elles sont bien dirigées. On peut les
placer dans des caisses ou des pots sur les étagères, comme ceux qui contiennent d'autres plantes ; ou bien, si la serre est assez vaste, leur réserver
une plate-bande étroite. Quelques plantes naines pourront être ajoutées à ces plates-bandes, retenues
par une petite bordure de pierres.

Des bordures et des plates-bandes au centre d'une
serre offrent bien des inconvénients. Quand des plan-

tes sont placées ainsi en pleine terre, elles prennent bientôt trop de place pour que l'on en puisse avoir de beaucoup d'espèces.

En groupant les plantes par espèces sur les gradins, on évitera la monotonie; alors une serre pourra presque ressembler à un jardin ou à un parterre. Il y a beaucoup à réformer à cet égard dans la routine des jardiniers (*fig.* 70).

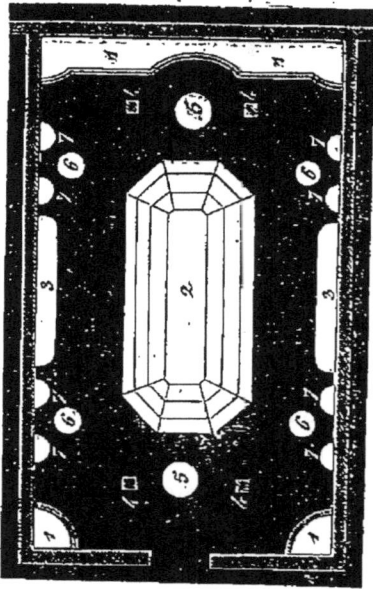

Cette figure représente l'intérieur d'une petite serre d'agrément. Le nᵒ 1 indique des plates-bandes de terre bordées de pierres; le reste de la serre est pavé en dalles. Les corbeilles sont principalement destinées à des plantes telles que les camélias, avec lesquelles on peut aussi garnir les murs. L'estrade centrale avec les degrés est le nᵒ 2; les côtés des étagères plates soutenues par des tasseaux, afin de laisser plus d'étendue au

Fig. 70.

plancher, sont indiquées au nº 3. Les nᵒˢ 4 marquent la position de piédestaux supportant des vases. Des corbeilles de fil de fer, destinées à recevoir des fleurs en pots, sont placées aux nᵒˢ 5. Des paniers de fil de fer ou petites hottes, sont suspendus au mur et destinés à contenir des fleurs, des fougères (*Nephrodium exaltatum*, *N. davalloïdes*, *Gonophlebium Reinwardtii* (fig. 71), ou des plantes retombantes; (fig. 72), *Sedum Siedldi* (fig. 73) : ils sont désignés par les quatre nᵒˢ 7. L'arrangement de la serre est complété par les plan-

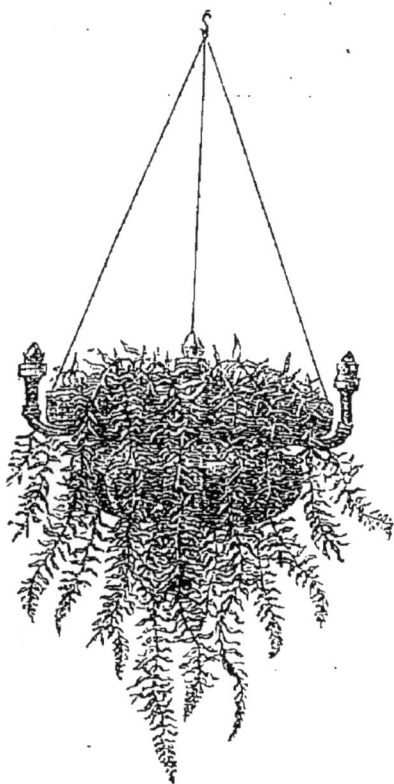

Fig. 71. GONAPHLEBIUM REINWARDTII.

tes grimpantes qui garnissent les murs, et par les paniers de fleurs suspendus.

Il ne faut pas non plus, même sous nos froides lati-

tudes du nord, négliger dans une serre les moyens de
se garantir au besoin d'un rayonnement de soleil trop
ardent; on y parvient au moyen de paillassons, de
persiennes et par l'emploi de verres dépolis. Les murs
doivent être ornés de treillages pour les plantes grim-

Fig. 72. LIERRE PANACHÉ.

pantes, ou pour celles qui, comme les fuchsias, s'éta-
lent facilement en espaliers. On évitera ainsi la couleur blanche et la nudité du plâtre.

C'est au moyen de l'eau que l'on chauffe le mieux
une serre, et les appareils les plus simples sont

en général les meilleurs. Il est important de pouvoir
augmenter le degré de calorique avec promptitude

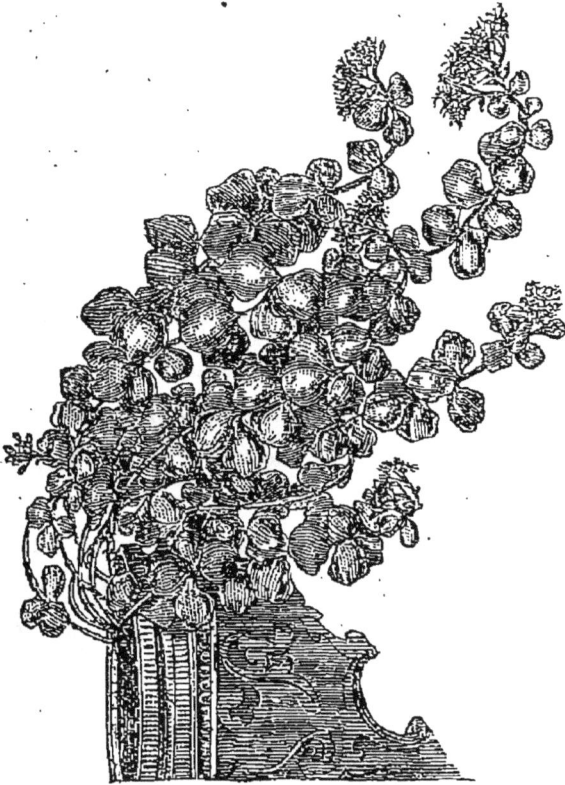

Fig. 73. SEDUM SIEBOLDII.

car une collection de plantes précieuses peut être dé
truite par une gelée soudaine.

Une serre doit aussi contenir une citerne pour recevoir du toit l'eau de la pluie; c'est une manière de se procurer de l'eau de bonne qualité, et dont la température s'assimile à celle de l'intérieur.

La ventilation doit se faire par des châssis verticaux se mouvant sur des pivots, afin de pouvoir toujours se préserver de la pluie.

Le voisinage du potager, un endroit retiré du parc, le milieu d'un parterre de fleurs sont les situations qui conviennent le mieux à une serre isolée ; on devra y joindre, en les dissimulant, des abris pour les appareils de chauffage, les opérations du rempotage, et le rangement des outils.

Les châssis et les couches peuvent être entretenus de deux manières ; au moyen de l'eau chaude, ou en les composant de fumier. Dans ce dernier cas, il faut réserver et dissimuler dans les environs une petite cour pour les engrais. Ce mode de culture est moins dispendieux et, en bien des cas, plus avantageux que les serres ; c'est un objet de culture sérieuse autant que d'agrément.

Du potager (1). — Nous avons déjà indiqué les

(1) Traité théorique et pratique de *Culture maraîchère*, par E. RODIGAS, professeur à l'École d'horticulture de l'État, à Gendbrugge-lez-Grand. Un volume in-18 orné de 72 gravures sur bois. Prix : 3 fr. 50 c. J. Rothschild, éditeur.

environs de la maison ou des communs, comme les plus convenables pour l'établissement d'un potager. Il faut, comme nous l'avons observé ci-dessus, que la communication des offices et de la cuisine au potager soit facile et discrète. La proximité des écuries et de la basse-cour est aussi essentielle, afin que le transport des fumiers puisse se faire avec le moins de dérangement possible. En thèse générale, la forme d'un potager doit être régulière, soit de plain-pied, soit par terrasses; les allées doivent être droites, les planches d'un abord facile. Les murs, outre leur utilité comme abri, sont mis à profit pour les espaliers; quelques bonnes plantations du côté du nord donneront les meilleures garanties d'abri. Les murs doivent avoir une élévation d'au moins deux mètres, avec un chaperon saillant; on devra les établir de préférence en briques, dans les pays où l'on peut se procurer facilement ce genre de matériaux. Ils offrent aussi l'avantage de pouvoir fixer facilement les arbres en espalier : A défaut de briques, on emploiera toute espèce de pierre, et l'on garnira le mur de treillages en fil de fer galvanisé. Les interstices des pierres devront être soigneusement joints, afin de ne pas laisser d'asile aux insectes.

Il y a encore un autre système pour remplacer les espaliers le long des murs; c'est celui des treillages de châtaignier ou de fer, placés le long des allées, où l'on peut cultiver avec succès les diverses variétés d'arbres à fruit, réclamant des conditions spéciales d'abri. Les plates-bandes qui vont du nord au sud seront destinées à ces arbres ; les autres, aux plantes robustes, comme groseillers, framboisiers, etc. Cette règle est motivée par l'ombre que projettent les arbres, si petits qu'ils puissent être. Quand un potager a la forme d'un parallélogramme, les côtés les plus longs doivent tendre de l'est à l'ouest, afin de ménager un espace plus grand à l'exposition du sud. On ne doit pas oublier que le côté de l'est est moins sujet aux gelées du printemps. L'arrosement est un point important dans l'installation d'un potager ; l'eau doit être abondante et exposée à l'action de l'air, dans un bassin ou dans une citerne ouverte.

Il ne faut pas négliger de disposer quelques hangars pour l'outillage, pour une charrette, une petite cour pour le fumier. Chaque objet enfin doit avoir sa place particulière et bien disposée.

Un drainage bien entendu est indispensable dans un potager où le sol est trop humide. Une position en pente légèrement inclinée du côté du midi, sera toujours avantageuse. Les arbres fruitiers ne réclament pas une terre végétale très-profonde. Si elle excède deux pieds, on peut disposer une couche de pierres et de décombres, afin d'empêcher les racines de trop pivoter.

Un potager prend vite un aspect agréable, pour peu qu'on l'orne avec quelque soin. Il convient, toutefois, d'y éviter une trop grande profusion de fleurs.

Le verger, quand il occupe un emplacement particulier, doit être relié et fondu en quelque sorte avec les potagers par des allées convenables. Pendant les premières années qui suivent la création d'un verger, la terre doit y être cultivée. Le système d'alignement régulier est d'un usage général pour la plantation des arbres fruitiers.

Mais l'on peut souvent disposer avec beaucoup d'avantage, dans un coin retiré et convenablement abrité du jardin d'agrément, un groupe composé d'arbres à fruit susceptibles d'agencement pittoresque, comme cerisiers, cognassiers, néfliers, pommiers nains croissant en éventail. Nous recommandons *de visu*, cette disposition trop peu usitée; elle produit une surprise du plus heureux effet.

Des volières et des ruches. — Les volières donnent beaucoup d'animation à un jardin; elles peuvent être construites dans des styles très-divers, mais doivent toujours être bien abritées du froid et de l'humidité, aussi bien que du trop grand soleil. Une volière est un excellent motif de construction isolée dans une clairière ou un carrefour d'allées. Elle peut être auss installée avantageusement à l'extrémité d'une serre.

C'est dans un potager que les ruches seront le mieux placées, ou bien encore dans un coin abrité du parc. Elles doivent être reléguées à quelque distance des allées les plus fréquentées, par considération pour les abeilles, et aussi pour les promeneurs.

Ce volume étant spécialement consacré aux petites propriétés, nous croyons devoir ajourner ce qui concerne les « loges d'entrée » au volume des parcs. Nous nous bornerons à dire ici que dans les domaines plus ou moins considérables du style paysager, une grande simplicité de construction sera toujours du meilleur goût. Si l'entrée se trouve un peu éloignée du corps d'habitation principal, et donnant sur une campagne isolée, on obtiendra sûrement un excellent effet, en donnant à l'habitation du concierge et à ses dépendances l'aspect d'un *cottage* ou petite demeure à part, encadrée par les premiers massifs du jardin.

Jardins de villes. — Les préceptes d'horticulture qu'on peut résumer sous ce titre, concernent spécialement ceux de l'*intérieur des villes* d'une certaine importance, dont la composition présente d'habitude trois espèces de difficultés : irrégularité de forme, surface rigoureusement unie, espace étroitement limité.

Parmi les artistes modernes qui ont le mieux réussi dans ce genre, nous citerons MM. Lenné, Mayer, Barillet-Deschamps, Lambert, Siebeck, Kemp et surtout Neumann, jardinier à Dresde, qui a consacré un ouvrage spécial aux jardins de ville. Nous lui empruntons quelques plans, dans lesquels les trois difficultés indiquées ci-dessus nous paraissent habilement surmontées.

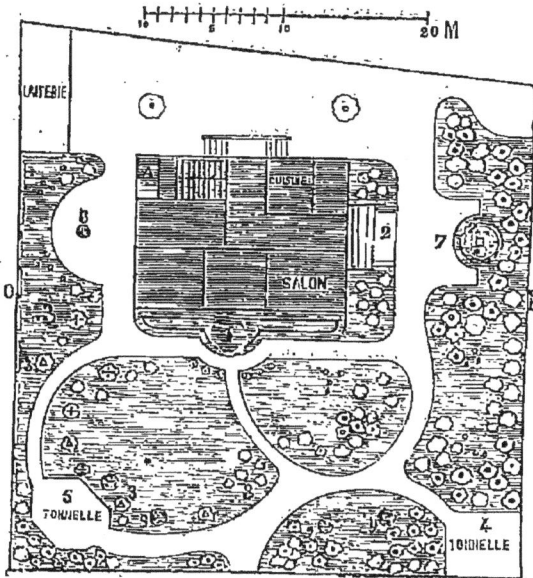

Fig. 74.

Dans ce premier spécimen, le terrain d'opération forme un quadrilatère complètement défectueux. La plus grande longueur, du côté de l'est, est de 30 mètres environ; l'entrée n'est ni directement en face de la maison, ni au milieu du mur de clôture donnant sur la rue. La maison elle-même est placée d'une façon tout à fait capricieuse; et sa façade principale (2) ouvre parallèlement à la rue, au lieu de lui être·perpendiculaire. Un pareil emplacement ne pouvait être traité que dans le style irrégulier (1).

Un massif d'arbustes à fleurs (1) garnit la face latérale de l'habitation parallèle à la rue; des arbres fruitiers à haute et basse tige (3) sont groupés d'une façon irrégulière en avant du mur.ouest, garni d'espaliers. Ces dispositions ont pour but de rompre l'uniformité de ces deux lignes. Dans le voisinage de la rue, il

(1) Nous donnons ci-après l'explication des signes divers adoptés dans les plans 74, 75 et 76 :

Arbres fruitiers à haute tige.

Arbres d'ornement à haute tige.

Buissons élevés.

Arbustes à basse tige.

Petits buissons.

Arbres fruitiers nains.

Haies.

Les lettres placées sur les divers côtés du plan (fig. 76), désignent : N (nord), S (sud), E (est) et O (ouest).

y a deux tonnelles ornées de diverses plantes grimpantes (4, 5), mais leur situation et leur forme n'ont
rien de symétrique : l'une touche au mur de clôture et
donne sur la rue; l'autre, au contraire, a vue sur le jardin. Parmi les plantes grimpantes les plus avantageuses
pour garnir des berceaux ou tourelles dans ces jardins
de ville, Neumann recommande spécialement le chè-
vre feuille, les clématites et surtout la vigne-vierge, à
cause de sa croissance rapide et des belles teintes rouges et violacées que son feuillage revêt en automne.
Dans notre climat, moins froid que le Nord de l'Allemagne, on peut ajouter à cette nomenclature le jas-
min, les glycines, les bignonias, l'aristoloche, dont le
feuillage est d'un effet si riche, etc.

Indépendamment du puits (6), ce jardin possède une
petite source (7), dont l'émission peut se faire au
moyen d'un mascaron. En arrière de cette source,
garnie d'un épais massif de fleurs ou de plantes à feuillage ornemental, le mur de l'est disparait sous un épais
massif d'arbres et d'arbustes toujours verts, choisis
parmi les variétés du feuillage le plus dense (ifs, genévriers, cyprès, thuyas, cèdres de Virginie). Cette plantation borde, comme on voit, dans toute sa longueur
l'allée qui conduit de la porte de la rue à l'entrée principale de la maison, et enveloppe de deux côtés le pavillon de verdure ou tonnelle no 4 donnant sur la rue.

Sur l'autre rebord de l'allée de ceinture règne une pelouse ornée d'un groupe de petits arbustes (8), de massifs de fleurs cultivées (9) et de quelques arbres fruitiers à basse tige (3), qui se relient à ceux placés en avant du mur ouest.

Voici maintenant un autre plan qu'on peut étudier comme type d'un genre absolument opposé.

Ici la forme du terrain ne devient irrégulière que dans le fond du jardin, ce qui pouvait être facilement dissimulé. En conséquence, l'artiste a mis autant de soin à maintenir la symétrie qu'il en mettait à l'éviter dans le modèle précédent. Les détails de ce joli plan régulier sont trop simples pour avoir besoin de longs commentaires.

La principale décoration du parterre en demi cercle, du côté opposé à la rue, consiste en rosiers variés. Ceux à haute tige (*alba*, *lutea*, *centifolia*; etc.), sont placés aux centres des compartiments; ceux à moyenne et basses tiges (noisette, *borbonica*, *ranunculoïdes*, *Lawrenciana*, etc.), sont disposés aux angles, et se relient avec les massifs de fleurs cultivées et les bordures de buis.

Le puits et la tonnelle qui lui fait pendant, sont enveloppés de syringas, lilas et autres arbustes à fleurs, mélangés d'arbustes de plus haute taille, comme *amelanchier botryapium*, *Ptelea trifoliata*, *Malus spec-*

tabilis, *Prunus padus et scrotina*, *Cratægus* variés, etc.
La décoration symétrique des côtés est et ouest, se
compose d'arbres fruitiers, alternativement en que-
nouille et à haute tige.

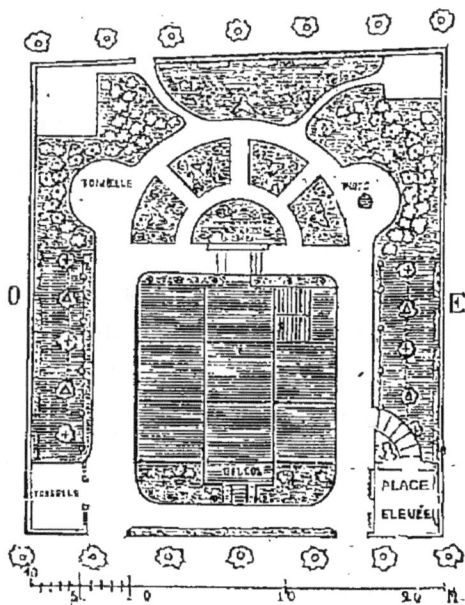

Fig. 75.

Nous reproduisons un dernier plan de Neumann
comme un spécimen heureux de la manière de tirer
parti d'une conformation de terrain assez fréquente
dans les villes; celle d'une habitation avec jardin,
placés à l'extrémité d'un angle aigu formé par la jonction de deux rues se réunissant au-delà en une seule,

ou aboutissant à une place ou bien à une grande rue transversale.

Ce plan offre une fusion adroite du style régulier (nos 3, 5, 4, 1, 2 et la section finale B) et du stylé irrégulier dans la partie intermédiaire A, fermée par des clôtures à claire-voie, et disposée par conséquent pour produire un effet agréable du dehors.

La propriété a, comme l'on voit, une entrée. sur chacune des rues qui la bordent : ces deux entrées se font face symétriquement. Le centre de la partie A est décoré exclusivement d'arbres fruitiers nains et d'arbustes à basse tige (*Weigelia, spirées, Calycanthus, Deutzia,* etc.,) car cette décoration ne doit pas intercepter la vue de l'extrémité de la partie B, enveloppée d'une bordure de Berberis à feuilles pourpres. (*Epine vinette.* Les autres détails de cet arrangement s'indiquent assez d'eux-mêmes; nous remarquerons seulement que les nos 1 et 2 désignent des berceaux couverts ou tonnelles qui se font pendant sur les deux rues.

Ces tonnelles, décorées de plantes grimpantes, sont placées sur deux éminences en regard, auxquelles on arrive par une pente douce. Du deuxième perron de l'habitation, on voit librement par-dessus les arbustes à basse tige qui décorent la partie A, jusqu'à la pointe extrême du jardin.

L'emplacement figuré a 15 mètres à peine dans

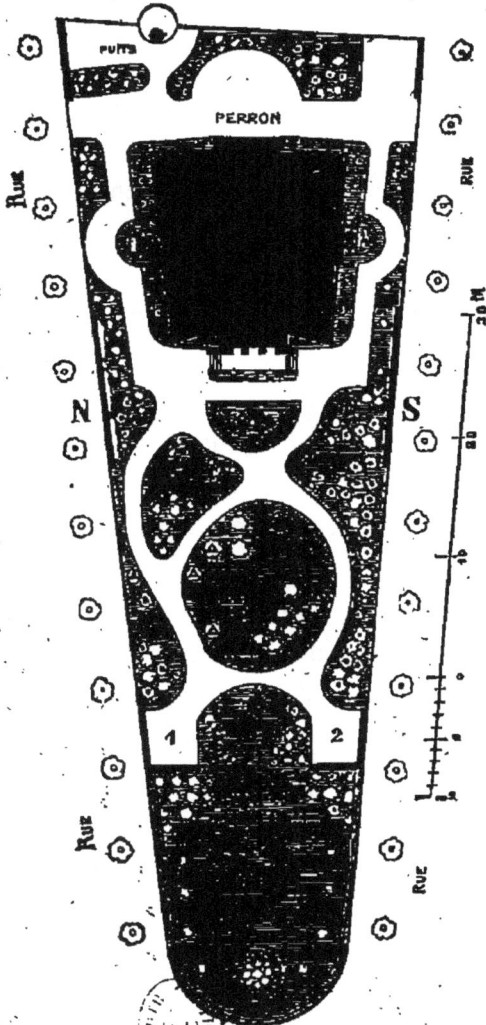

Fig. 76.

sa plus grande largeur, sur une longueur de plus
de 100 mètres, mais les dispositions indiquées seraient également applicables, peut-être même avec
plus d'avantage, si l'écartement des deux rues était
plus considérable.

De ces exemples, et de beaucoup d'autres que nous
pourrions y joindre, on peut conclure que le style régulier sera souvent employé avec succès dans les
jardins situés à l'intérieur des villes, l'application de
ce genre étant plus facile sur des surfaces planes et
peu étendues. Toutefois l'emploi du style mixte, ou
même franchement irrégulier, peut être justifié et
même imposé par la configuration bizarre du terrain
ou la situation défectueuse de la maison. Ces inconvénients de forme ne seront jamais si graves qu'un
homme de goût ne sache les corriger et même en tirer parti, de même qu'il saura donner de l'agrément à
un petit espace par l'agrément et la variété des massifs d'arbustes, d'arbres fruitiers, de fleurs cultivées et
de passiflores. Enfin, les jardins de ville sont ceux qui
réclament le plus grand usage des arbres et arbustes à
feuilles persistantes, parce qu'on jouit surtout de ces
jardins l'hiver, et que cette nature de végétation est
celle qui dissimule le mieux et le plus constamment
les clôtures.

Voici enfin un plan de jardin de ville, dû à M. Kemp,

et dont la distribution ne manque pas d'élégance.

Dans ce plan, le n° 1 est la maison, avec entrée principale du côté de l'est, et porte du jardin au nord. Le n° 2 est la cour, communiquant à la rue : 3, 4, 5, serres et dépendances ; 6, potager. Le n° 8, qui fait point de vue de l'habitation, indique un grand vase de fleurs monté sur un piédestal et entouré de massifs de fleurs cultivées. Aux quatre coins de ces massifs, M. Kemp emploie le *cotoneaster microphylla*, arbuste qu'il prodigue généralement un peu trop dans ses créations, et que nous n'aimons guère que dans les rocailles. Le jardin se compose à peu près exclusivement d'arbres et d'arbustes à feuilles persistantes ; ainsi, les n° 10, 11, 12 sont des houx panachés ou à feuille de laurier, disséminés sur la pelouse ; le double n° 14, deux ifs d'Irlande ; les deux 16, des massifs de houx ordinaires garnissant les angles de l'habitation ; le n° 18, une longue bordure des mêmes arbustes, séparant le potager du jardin d'agrément. L'entrée principale de la maison est décorée de *Yucca gloriosa* (n° 15). Enfin les massifs nombreux figurés sous le n° 17, dans tous les angles du jardin, se composent d'arbres et d'arbustes verts mélangés, et principalement de rhododendrons. Toutefois, ces derniers arbustes réussissent rarement dans l'atmosphère des grandes villes.

Les arbustes à feuilles persistantes, et les plantes à

feuillage ornemental doivent jouer un grand rôle dans la composition des jardins de ville.

Jardins des instituteurs primaires. — Une cir-

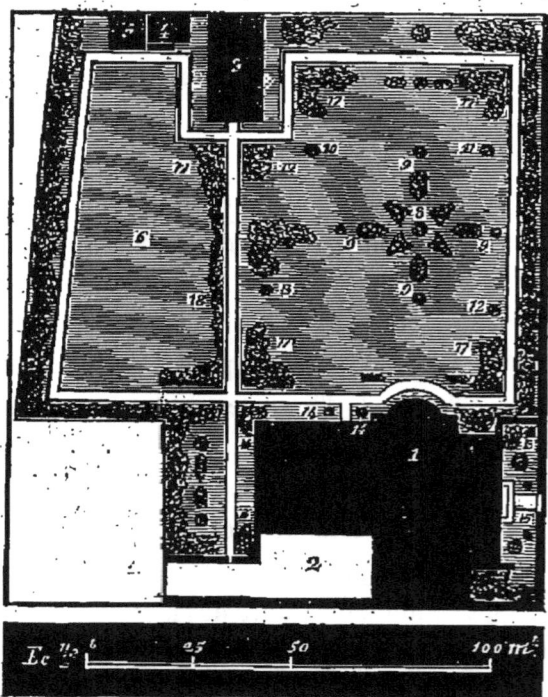

Fig. 77.

culaire récente du ministère de l'instruction publique insiste, avec autant de raison que d'à-propos, sur la convenance, l'utilité de l'attribution d'un jardin à cha-que instituteur primaire. Il y a bientôt trente ans qu'un de nos amis, écrivain distingué et vraiment philanthrope, avait émis le vœu « qu'il fût accordé à l'instituteur un jardin où il pût trouver un délassement et une récréation, et se tenir étranger aux coteries presqu'inévitables des petites communes... (1) » Nous ajouterons que le jardin de l'instituteur, s'il était organisé convenablement, pourrait devenir un auxiliaire sérieux d'éducation. Il faudrait pour cela qu'il fût mieux composé, plus orné que ne le sont encore, dans la plus grande partie de la France, presque tous les jardins de village. Il faudrait qu'au moyen de distributions gratuites de graines et de plantes, tant potagères que d'agrément, le jardin de l'instituteur pût lui fournir les éléments de quelques leçons d'horticulture, de botanique élémentaires. Possesseur d'un enclos suffisamment grand et bien tenu, il pourrait démontrer sur place le mode de croissance et les meilleurs procédés de culture des plantes potagères, faire connaître les espèces les plus hâtives, les plus savoureuses, les variétés nouvelles dont l'acclimatation est recommandée. Nous dirons aussi que le luxe innocent des fleurs ne messied pas, tant s'en faut, autour d'une maison d'école, si humble qu'elle puisse être. La grammaire elle-même et le calcul en auraient plus

(1) Roselly de Lorgues, le *Livre des communes*, p. 243.

d'attraits. Il n'est si pauvre fenêtre que ne relève un
gracieux encadrement de roses, de glycine, de cléma-
tite ou autres passiflores : le mur d'argile le plus rustique prend de l'importance, quand il est décoré d'un
bel espalier bien conduit. Un instituteur intelligent,
encouragé par cette jouissance d'un jardin, par des
dons gratuits et, s'il y a lieu, par d'autres récompen-
ses, pourrait développer avec une efficacité singu-
lière chez ses élèves le goût de l'horticulture utile, et
même de l'horticulture d'agrément. Bien des fleurs
diverses peuvent encore trouver place en s'échelon-
nant, suivant les saisons, dans un espace assez restreint. En substituant, de temps à autre, cette étude
attrayante à quelques minutes de récréation, l'instituteur pourrait, dans le cours d'une année scolaire,
faire connaître à ses élèves toute la flore de leur pays,
depuis les crocus et les primevères, jusqu'aux chry-
santhèmes et aux roses de Noël; leur apprendre à
faire des greffes, des boutures; leur donner au moins
quelques notions élémentaires de botanique, de la
taille des arbres, etc. On arriverait ainsi à développer,
à utiliser cet amour du jardinage, l'un des plus heureux instincts de l'enfance, et l'un de ceux qu'on
néglige le plus, je ne sais pourquoi, dans le système
actuel d'éducation.

L'instituteur pourrait aussi, quand l'espace concéd

sera suffisamment grand, consacrer un compartiment
spécial à des plantes industrielles, et en expliquer l'u-
sage à ses élèves. Il reproduirait ainsi, dans de mo-
destes proportions, les dispositions ingénieuses et utiles, adoptées depuis quelques années au Jardin des
plantes.

Fig. 78. ÉRABLE PANACHÉ. (Voir fol. 204.)

LIVRE IV

Drainage. — L'opération préliminaire du drainage dans les terrains humides est de la plus haute importance. Un sol marécageux à l'excès ne convient pas plus à la vie végétale qu'à la vie animale.

Le drainage est non-seulement nécessaire pour débarrasser le sol de l'eau stagnante préjudiciable aux plantes; mais aussi pour permettre à l'air d'y pénétrer plus librement.

Plus le sous-sol est dur et serré, plus il est nécessaire que les drains soient enfoncés profondément. Un mètre vingt ou vingt-cinq centimètres est la profondeur requise pour des drains ordinaires, et le *maximum* ne doit pas dépasser quelques centimètres de plus pour des drains plus forts. Quand la couche inférieure est sablonneuse, un mètre suffit pour les drains ordinaires. Ceux-ci, dans les jardins, doivent être disposés en lignes parallèles distantes de cinq mètres au plus, et souvent plus rapprochées, selon la nature du sol.

La tuile ou les tuyaux d'argile sont les matériaux qu'on emploie le plus souvent, mais ils ne sont pas les meilleurs pour les terrains où les arbres abondent; ils y sont promptement obstrués par des racines. Les drains faits en moellons ou en cailloux sont bien préférables. On peut utiliser, dans chaque pays, les matériaux qu'on y rencontre. Un drain de pierres doit avoir 15 à 16 centimètres de largeur dans le haut.

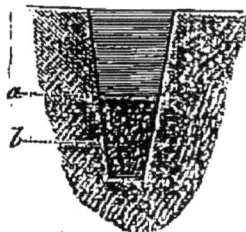

Fig. 79.

Cette figure (*fig.* 79) représente un petit drain de pierre (*a*) avec la pierre cassée (*b*) et des mottes de terre au-dessus. La figure 80 représente un grand drain plus enfoncé en terre. Un tuyau (*c*) est au fond, il est ensuite recouvert à moitié de pierres concassées (*b*) avec des mottes de gazon au-dessus. L'échelle est de 5 cent. pour 1 m. 20 c.

Tous les drains doivent être installés avec le plus grand soin, être posés sur une base plate bien disposée, pour que l'eau s'écoule facilement et n'y forme

pas des flaques stagnantes. Ils doivent avoir une pente
bien calculée ; les grands drains réclament une inclinaison plus prononcée.

Il est important que le produit
des drains se déverse dans un endroit où l'on puisse s'assurer s'ils
fonctionnent bien.

Après le drainage, la terre doit
être bien remuée, à la profondeur
d'à peu près un mètre, afin que le

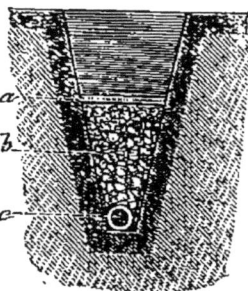

Fig. 80.

bienfait de l'opération se répande sur une plus grande
proportion de terre végétale, sans quoi la partie du
sol située précisément au-dessous des drains serait la
seule qui en tirerait profit.

Si le sous-sol est d'une nature argileuse ou impropre
à la culture, il faut éviter de l'amener à la surface.
Si le terrain est naturellement sec, léger, disposé en
pente, le drainage est inutile. Il en est de même
quand on trouve un fond de sable ou de pierre. Cependant un fond sablonneux n'est pas toujours sec ;
cela dépend de la nature du sable qui souvent est sa-
turé d'eau, ou composé de matières réfractaires à
l'humidité. Un roc trop dur, trop compact, sans fis-
sure, offre aussi évidemment un obstacle au filtrage
des eaux pluviales. Généralement, il faut bien se
rendre compte de la nature du sol avant d'entrepren-

dre cette opération, qui, même sur un petit espace, peut être bonne à certaines places et nuisible dans d'autres.

Soins à donner aux allées. — Les allées doivent être un peu bombées dans le milieu (de 10 à 15 centimètres selon la largeur), et aller en déclinant légèrement vers le bord, afin de donner à l'eau un écoulement facile. Des matériaux bien appropriés (voyez ci-dessous), doivent en former la fondation et la surface ; pour ce dernier objet, le sable de rivière sera toujours préférable quand on pourra s'en procurer.

Cette figure (*fig.* 81) représente la coupe d'une

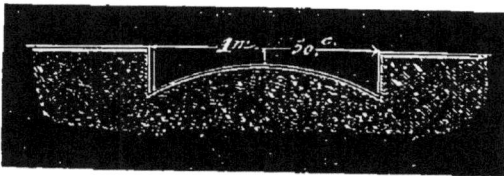

Fig. 81.

allée large d'un mètre cinquante centimètres ; ses bords doivent être formés de matériaux ménageant une espèce de drainage naturel, qui, d'espace en espace, peut communiquer avec le drainage véritable et donner ainsi à l'eau un écoulement assuré. On peut çà et là dans les parties les plus basses où l'eau se réunit, construire à l'aide de pierres, de tuiles, etc., de petits réservoirs carrés, creusés plus profondément que les drains; on les recouvre d'une grille à la surface (*fig.* 82).

Cette figure représente un de ces réservoirs ; *a* est la grille dans l'allée, *b* le drain qui verse le surplus de l'eau. Les réservoirs peuvent communiquer au moyen de petits tuyaux avec les autres drains; ces tuyaux devront être sur un niveau tel que l'eau seule puisse passer, en abandonnant le sable ou la terre que l'on pourra enlever de temps à autre.

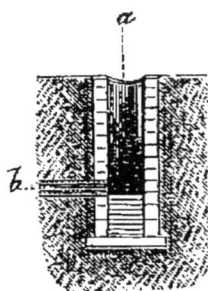

Fig. 82.

Une allée ordinaire doit reposer sur un empierrement de 30 centimètres environ ; mais une voie carrossable réclame une plus grande épaisseur. Un tiers environ de cette surface doit être composé de gravier fin; le reste peut l'être de tuileaux, cailloux, pierres concassées. Les allées larges d'un mètre doivent être bombées de 6 à 7 centimètres. Toutefois les allées droites dans les jardins français devront être plates pour conserver le caractère du genre.

La nature du gravier varie fort, selon les pays. Il réclame quelque mélange, quand il contient de l'argile ou de la chaux, car il devient fangeux quand il est mouillé. Il faut alors y joindre du sable d'une na-

ture plus sèche. Au contraire, le sable de mer (à moins
qu'il ne contienne les matières que dépose une rivière
à son embouchure), sera toujours trop friable ; il faudra y joindre de la chaux ou de l'argile dans la proportion d'un cinquième ou d'un sixième. Un tel mélange est excellent, très-réfractaire à l'humidité.

Il est très-important de s'occuper des bordures des
allées, car elles jouent un grand rôle dans l'aspect général. Ces bordures doivent être unies, juste au
même niveau des deux côtés, et dessinées d'une manière précise. Pour que les bordures d'une allée rem-
plissent ces conditions, il faut que les mottes de gazon
soient compactes, empruntées à une prairie de bonne
nature ; leur largeur doit être d'environ 15 cent., et l'é-
paisseur de 10 à 15. Les bordures installées ainsi of-
friront tous les éléments convenables de résistance et
de solidité.

La largeur d'une allée se règle d'après la grandeur
et l'arrangement du jardin. Les allées droites devront
toujours être plus larges que les autres. La largeur
ordinaire d'une allée droite varie entre 1,50 et 2 mètres. Pour les allées de forme courbe, il suffit de 1 m.
30 à 80 cent., selon la grandeur du jardin. Une allée
carrossable doit être large de 2 m. 50 à 3 mètres, suivant l'importance de la propriété et l'usage auquel

elle est destinée; 2 m. 50 suffisent pour une route de service.

Ce n'est qu'après mûre réflexion qu'il faut détermi- ner la hauteur de niveau d'une allée. Les allées droi- tes doivent en général prendre le niveau des pelouses ; si elles sont d'un centimètre plus basses que le gazon vers le bord, et de trois centimètres plus élevées au mi- lieu, elles auront 8 cent. à peu près d'arrondissement, ce qui sera suffisant (*fig.* 83). Pour les allées serpentan-

tes, il est d'u- sage de les dis- simuler le plus possible : il suf- fit pour cela de

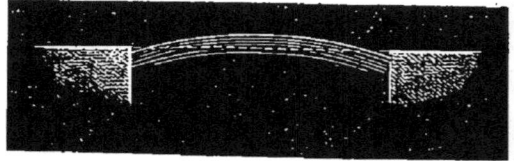

Fig. 83.

es maintenir un peu au-dessous de la surface de la pelouse ou des plates-bandes (*fig.* 84)

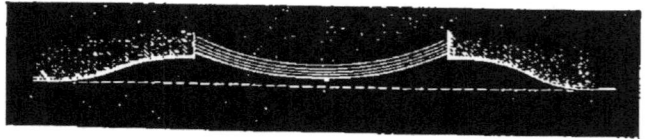

Fig. 84.

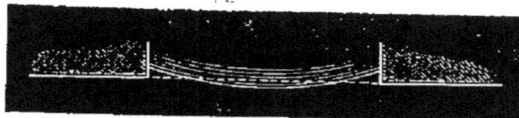

Fig. 85

Les allées courbes ré- clament tou- jours une sur-

face plus convexe (*fig.* 85). Il faut que la différence

de hauteur, entre le milieu et les côtés, dépasse d'un
tiers au moins la proportion indiquée pour les allées
droites.

Les mêmes préceptes sont applicables à l'installation des allées carrossables, des routes ; on devra
proportionner la solidité des matériaux à l'usage auquel elles sont destinées. Trente à quarante centimètres d'empierrement sont nécessaires dans le milieu, 10 cent. de gravier fin pour recouvrir toute la
surface.

Les allées de gazon, quoiqu'un peu abandonnées
maintenant, sont quelquefois d'un effet agréable, surtout dans les parcs dépendants de constructions anté-
rieures au siècle dernier. Elles doivent être droites,
avec des bordures de chaque côté, garnies d'arbustes
ou de fleurs de la même espèce, afin de former une
sorte d'avenue ; mais ce genre d'allée ne peut servir
qu'à l'ornementation, car elles ont l'inconvénient d'être
souvent humides.

Raccordement des terrains. — Quand les routes
et les allées sont dessinées et empierrées, il faut opé-
rer le raccordement des terrains adjacents. On y arrivera facilement si la pelouse est plate, au moyen d'une
légère inclinaison, mais l'inclinaison se complique si
l'on a des talus de terrasse à former, ou si l'on veut
produire des mouvements de terrain particuliers.

Un talus dé terrasse doit toujours être établi avec beaucoup de soin ; si la terre n'est pas suffisamment foulée, il se formera promptement des excavations.

Pour établir des talus de terrasse, on aura recours utilement à une espèce d'équerre dont voici la figure, (fig 86). Elle donne la facilité de dessiner correctement le contour du talus. La manière de s'en servir s'indique d'elle-même trop clairement, pour que nous nous arrêtions à la décrire.

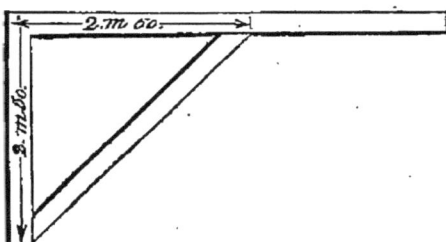

Fig. 86.

La pente d'un talus est ordinairement de deux pieds pour un ; dans ce cas, la pièce diagonale de l'équerre, pour une terrasse d'un mètre de hauteur, doit être fixée à la base horizontale à la distance de deux mètres du coin de la barre verticale.

Un talus de terrasse doit être recouvert de bonne terre végétale, afin que le gazon puisse y prospérer.

Pour dessiner une pièce de terre où l'on veut inscrire un mouvement de terrain, la meilleure méthode est de commencer par l'endroit le plus bas, en faisant une tranchée de 1 m. 50, et rejetant à fur et mesure les déblais en-dessus.

Époque de la création du jardin. — C'est là en-core un objet pratique, digne de la plus sérieuse attention. Nous ne saurions trop le redire, il faut n'en-tamer les travaux qu'avec un plan d'ensemble bien arrêté, sans quoi l'on risque d'être obligé de tout recommencer sur de nouveaux frais.

Personne n'ignore que l'été et l'automne sont les meilleures saisons pour les travaux de terrassement. La terre qui a été disposée pendant l'été, a le temps de se tasser avant que l'on plante; et tous les tra-vaux s'y font dans de meilleures conditions. Le com-mencement de l'automne est peut-être préférable à l'été, parce qu'à cette époque la terre commence à être ramollie par les pluies, et parce que les gazons et les arbres verts peuvent être changés de place sans trop souffrir. Le mois d'août et la première quinzaine de septembre sont le meilleur moment.

La terre réclame des soins différents, suivant qu'elle est destinée à recevoir des plantations ou des gazons. Les plantations demandent un bon terrain; une forte proportion de terre végétale neutralise les désavanta-ges d'un climat ingrat et d'une mauvaise situation. Pour les pelouses, mieux vaut un sol léger, même pauvre, s'il est convenablement déraciné, bien préparé. Les herbes les plus fines y réussiront plus facilement, et les mauvaises herbes ne s'y plairont pas.

Les terres lourdes, épaisses, ou nouvellemen drai-
nées dévront être retournées à fond, soit pour recevoir
des plantations, soit pour être mises en herbe.

Si le sous-sol est argileux, il faut tâcher de ne pas
le ramener à la surface. L'argile ne fait jamais bon
effet à la surface d'un jardin d'agrément. Il en est autrement dans un potager; là elle peut servir à des
mélanges, et sa présence n'est point un empêchement
à l'application du système de culture qui consiste à intervertir alternativement la position de la surface du
sol et du sous-sol. On peut retirer trois ou quatre pouces
de bonne terre des endroits destinés aux pelouses, et
les reporter sur le terrain réservé aux plantations;
25 ou 30 cent. de terre végétale suffisent amplement
pour les gazons.

Toute la terre végétale enlevée sur l'emplacement
des routes, allées ou constructions doit être utilisée
pour les plantations, le potager, les parterres, etc.

Le sol d'un jardin, fût-il des plus ingrats naturellement, peut être fort amendé par ces procédés.
En général, les engrais, la chaux, les phosphates,
les cendres, ne sont pas nécessaires dans la partie
ornementale de la propriété. Les rosiers, toutefois,
réclament un sol riche, et se perfectionnent à l'aide
d'engrais bien appropriés.

Quand la surface de la terre est dure ou argileuse,

les conditions de la culture sont modifiées, et les engrais deviennent indispensables partout.

Si les circonstances le permettent, et si le propriétaire veut bien s'y prêter, le sol du futur jardin devra être préparé une année d'avance. On pourra alors détruire les mauvaises herbes et améliorer notablement la nature du sol, en ensemençant l'emplacement désigné en pommes de terre, et le cultivant en navets, turneps ou autres plantes sarclées. Une année ainsi employée n'est pas perdue.

Quand on manque de terre de bruyère pour les rhododendrons et autres plantes du même genre, on peut y suppléer par du terreau de feuilles. Ces plantes réussissent mal dans les terrains calcaires.

Prévoyance du dessinateur. — Dans les petites propriétés, aussi bien que dans les grandes, les plantations doivent être établies en vue de l'effet ultérieur, non moins que de l'effet immédiat. L'habile conciliation de ces deux objets est un des efforts les plus méritoires de l'art.

Nous avons déjà recommandé de ménager soigneusement les arbres qui existent dans la propriété. Si, comme il arrive souvent, cette propriété vient à être augmentée d'un terrain non planté qu'on relie pour former un ensemble, il faut reporter de préférence

dans cette partie nouvelle, les arbres forts de l'ancien
terrain qu'on est obligé de déplacer. Rien n'est plus
discordant, en effet, qu'une plantation exclusivement
nouvelle auprès de vieux arbres. Ce système de
translation donnera au contraire aux plantations ré-
centes un air de famille avec les anciennes, et
l'on arrivera ainsi à former un ensemble, et à es-
compter en quelque sorte l'effet futur, peut-être de
quinze ou vingt ans. Parmi les arbres qui concourent le mieux à cette fusion, nous citerons les épines,
le cerisier double, le sorbier, les saules et aulnes
de diverses especes, l'ypréau, le peuplier d'Italie : ces
arbres ne coûtent pas cher, et résistent bien à la transplantation. En général, les arbres à haute tige, à
feuilles caduques, s'ils n'ont pas plus de 8 à 10 mètres
de haut, ont de grandes chances de reprise, s'ils ont
été enlevés et ébranchés avec soin.

Le marronnier d'Inde, l'*acer negundo*, si intéressant
par son joli feuillage d'un vert jaunâtre (fig. 78), comptent parmi les plus faciles à transplanter.

Malgré tout l'avantage qu'on trouve à relier ainsi
les nouvelles plantations avec les anciennes, le but
favori du véritable artiste sera toujours l'effet à venir.
Rien ne vaut pour lui la collaboration du temps. Il
faut choisir l'emplacement le plus convenable pour
chaque sujet, et laisser à la nature le soin d'arriver à

des effets, à des contrastes que l'art peut prévoir, préparer, mais qu'il ne saurait obtenir immédiatement.

Époque et mode de plantation. — On sait que les plantations, en général, doivent être faites vers la fin de l'automne, les arbres souffrent d'autant moins de la sécheresse du printemps, et des chaleurs de l'été suivant, qu'ils ont été plantés plus tôt. Toutefois pour les conifères, le mois d'avril est l'époque de plantation la plus favorable. Quand on les plante à la fin de l'automne, ils risquent de beaucoup souffrir, et même de succomber, pour peu que l'hiver soit rigoureux.

Un temps calme, humide, est celui qui convient le mieux pour faire des plantations. Une plante dont les racines sont hors de terre par un temps sec, est en aussi grand danger qu'un poisson hors de l'eau. Elle peut y survivre; mais souffrira longtemps de cette épreuve. Le mois de novembre, avec ses brouillards, est le véritable mois des plantations.

Ce genre de travail doit donc être conduit avec une grande célérité, afin que les racines ne restent hors de terre que le moins possible. Il ne faut pas perdre de vue que chaque racine ayant sa part correspondante à nourrir, une racine rompue amène dans l'équilibre organique de la plante une perturbation toujours fâcheuse, et souvent mortelle.

Quand on transplante des arbres ou des arbustes
de grande taille, particulièrement des conifères, on
doit laisser les racines dans une motte de terre. L'extrémité des racines ne doit pas être coupée, mais relevée
avec soin ; les côtés de la motte de terre doivent être
préservés de toute compression. La terre qui entoure
les racines doit être secouée légèrement et pressée,
pour qu'elle ne forme pas de cavité. Si le temps est
humide, comme en novembre, l'arrosage devient inutile ; mais au printemps il est indispensable. On peut
en prolonger l'effet, en entourant les plantations de li-
tière ou d'herbes ; mais c'est une mauvaise méthode
que de former autour de l'arbre des creux remplis
d'eau et de boue.

Les arbres ou arbustes précieux doivent être plantés en vue de l'isolement futur, et entourés provisoi-

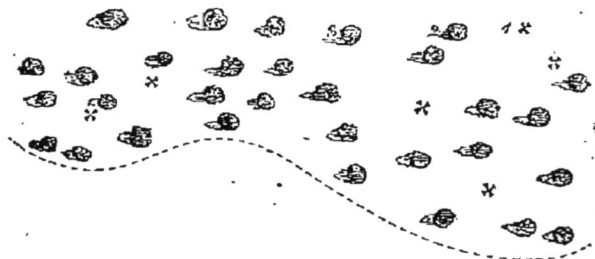

Fig. 87.

rement d'espèces communes qu'on puisse enlever
sans regret dès qu'elles commenceront à être nuisibles.

Pour qu'une plantation réussisse, il ne faut pas que
les racines soient trop profondément enfoncées, la cou-
ronne des racines doit être à 10 ou 12 centimètres
seulement au-dessus de la surface de la terre, car les
racines demandent un certain approvisionnement
d'air, comme nous l'avons dit ailleurs (*fig.* 87).

Cette figure offre un modèle de plantation dans
le genre irrégulier. La ligne pointée indique une
section du contour d'une plantation ; les croix (1) re-
présentent les arbres de taille et d'espèces variées ;
les indications les moins ombrées (2) indiquent la
place des arbustes à fleurs, et les autres (3) les arbustes verts.

La réussite plus ou moins complète d'une plantation dépend de bien des circonstances. Les arbres
nouveaux doivent être, autant que possible, empruntés
à un sol ayant quelques rapports avec celui qui va
les recevoir. Il faut néanmoins que l'avantage soit
plutôt du côté de ce dernier, car si la transplantation
s'opère dans un terrain plus pauvre, moins bien
abrité, on diminue les chances de succès.

En général, quand on désire avoir de grands arbres
à transplanter, ce n'est pas dans une pépinière qu'il
faut se les procurer ; les arbres qui ont été cultivés
sans espace ont beaucoup de peine à prendre définitivement leur essor. Il est bien difficile, d'ailleurs,

qu'ils puissent être arrachés sans quelque lésion grave aux racines, engagées dans celles des arbres voisins. Ceci ne saurait concerner les jeunes arbres hauts seulement d'un mètre : ils n'ont pas encore eu le temps de souffrir de ce mode de culture. Une hauteur moyenne de 60 à 80 centimètres est celle que l'on doit préférer pour les arbustes à transplanter. Les pins et les sapins, hauts seulement de 60 à 75 centimètres sont dans les meilleures conditions de reprise, pourvu que le terrain auquel on les confie soit bien soigné et à l'abri des lapins et des lièvres.

Pour les conifères exotiques (1), le mode d'éducation en paniers est de tout point préférable, à cause du double avantage qu'il présente d'une reprise assurée et de l'effet immédiat.

Pour bien choisir les arbres et arbustes qui doivent figurer dans la composition d'un jardin, il faut considérer leur destination spéciale, en calculer l'effet pendant l'hiver, y mélanger, dans une juste proportion, les verdures persistantes. Il faut aussi prévoir, combiner les effets résultant des teintes mélangées de feuillage et des variétés de couleur des tiges.

Les dahlias et les roses trémières peuvent servir à

(1) DE KIRWAN, *Traité des Conifères*, 2. vol. in-18. J. Rothschild, éditeur.

varier quelque temps la monotonie des jeunes plantations. Les feuilles des arbustes nouvellement plantés se développent rarement bien pendant les deux premières années; il faut donc, en attendant, les mélanger de ces quelques fleurs, ce qui ne peut leur faire aucun tort.

Les arbres et les gros arbustes transplantés ont souvent besoin, *sous peine de mort*, d'être solidement assujettis jusqu'à parfaite reprise et consolidation du terrain. Cette précaution est surtout bien indispensable pour les conifères et pour les arbres à cime pesante, et qui, par conséquent, offrent ainsi moins de résistance à l'action du vent.

Des plantations de moindre hauteur concourent à la protection d'un arbre nouvellement planté, mais souvent cette défense n'est pas suffisante. Il faut alors avoir recours à une espèce d'entourage triangulaire ou serré qui, assujetti d'une manière solide à la terre, offre plus de résistance qu'un simple tuteur droit (*fig.* 88, 89), ou bien à de fortes cordes ou de solides fils de fer attachés à la tige d'un arbre nouvellement planté, et fixés à d'autres arbres ou objets solides (*fig.* 90, 91). Il est essentiel de garnir l'arbre de foin ou autre défense analogue, afin d'empêcher les cordes ou fils de fer d'écorcher la tige.

Si l'on se borne à un tuteur unique, il faut qu'il

14

soit solide sans être trop épais : s'il a une extrémité plus épaisse que l'autre, c'est celle-là qu'on doit

Fig. 88.

Fig. 89.

enfoncer dans la terre. Plus un tuteur est haut, plus
on doit l'enfoncer profondément. Il faut aussi prendre

Fig. 90.

Fig. 91.

des précautions pour qu'il n'endommage et ne géne
pas les racines.

Formation des pelouses. — Quand on peut se procurer de belles mottes de gazon, il est plus avantageux
de les employer pour créer une pelouse que de la semer. Même quand on procède par voie de semailles, il
faut toujours que les bords soient gazonnés ; cet encadrement profite à la solidité du travail, il empêche les
graines de s'éparpiller dans les allées ou sur les bordures. On doit choisir le gazon dans les vieilles pâtures ; celles qui ont été broutées sont les meilleures. Les
mois d'automne sont ceux qui offrent le plus d'a-
vantages pour ce genre de travail. La terre s'enlève
plus facilement sans se séparer, elle se divise d'une
manière plus nette ; l'humidité ordinaire dans cette
saison assure et accélère la reprise. Quand le placage
du gazon est fait, on peut jeter un peu de graine dans
les interstices pour les mieux effacer. Avant de semer
une pelouse, il faut que la terre ait été bien labourée
pendant la dernière semaine de mars ou d'août ; une
semaine après on peut commencer le travail. Il faut
semer épais, puis fouler, ratisser, et finalement passer
le rouleau. On doit prendre soin de bien dessiner les
bords, conformément au niveau adopté. Quand l'herbe
est levée, il faut la débarrasser attentivement des mauvaises herbes avant qu'elles ne montent en graines.
Un jour relativement sec, dans une saison pluvieuse,
est celui qui convient le mieux pour semer la graine

de gazon comme toute autre. Des soins apportés à ces premières préparations, dépend toute la beauté à venir d'une pelouse.

Les meilleures espèces à semer sont les *poa praten- sis* et *trivialis*, *festuca ovina*, *cynosurus cristatus*, *avena flavescens*, *trifolium repens*. — Le *poa nemoralis* est l'es- pèce qui pousse le mieux sous les arbres. — Les bons jardiniers forment un mélange approprié à leur ter- rain. Quand les herbes d'espèces fortes sont en moin- dre quantité, le gazon est plus fin, plus doux, et de- mande à être fauché moins souvent.

Voici la recette que donne Mayer pour obtenir un *gazon* épais, court et d'une finesse exceptionnelle. C'est un mélange de graines composé de la manière sui- vante :

Lolium perenne, 3; *Poa pratensis*, 1; *P. compressa*, 1; *P. trivialis*, 1; *Agrostis stolonifera*, 1; *A. vulgaris* (alba), 1; *Cynosurus cristatus*, 1; *Anthoxanthum odora- tum*, 1. (Total, 12 parties).

Ces proportions doivent subir quelques variantes, suivant que le terrain est plutôt porté à la sécheresse ou à l'humidité. Dans le premier cas, il faut renforcer d'une demi-part la proportion des deux *agrostis* ; dans le cas contraire, c'est sur la *Poa pratensis* et *P. trivialis*, que l'augmentation doit porter.

Pour obtenir une herbe passable dans les emplace-

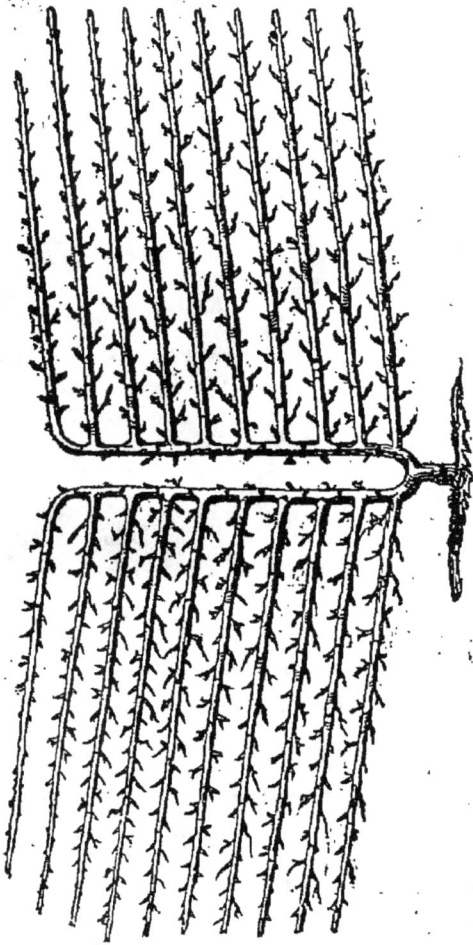

Fig. 92.

ments ombragés, Mayer conseille les deux *agrostis* et le
Poa nemoralis.

Arbres fruitiers en espaliers. — Les arbres fruitiers en espaliers offrent de l'intérêt même au point de
vue de l'ornementation. (*fig.* 92.) Il ne faut pas que
ces arbres soient plantés trop profondément. Le terrain de plantation doit en conséquence reposer sur un
sous-sol de pierres concassées, afin d'empêcher les racines de trop des-
cendre. Ce sous-
sol descendra en
pente douce vers
des drains s'em-
branchant dans le
système géné-
ral (*fig.* 93).

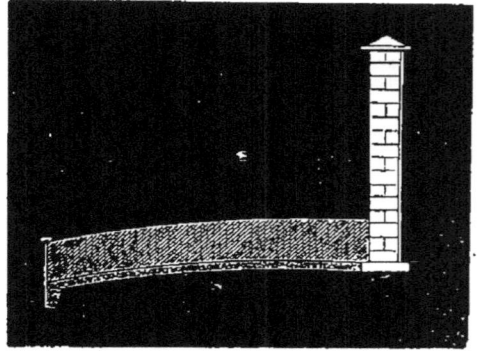

Les engrais (1)
composés sont

Fig. 93.

inutiles à la plupart des arbres fruitiers (2). Le fumier
de ferme leur convient fort; pour les vignes, il faut y
ajouter un peu de chaux.

Observations générales. — Il arrive souvent qu'un
emplacement est si peu favorable à certaines espèces
de végétaux, qu'il faut mieux y renoncer absolu-

(1) Enquête officielle sur les *Engrais.* 1 vol. in-18 de 250
pages, relié, 2. fr. J. Rothschild, éditeur.
(2) Joigneau, les *Arbres fruitiers*, 1 vol. in-18. J. Rothschild,
éditeur.

ment. Il faut qu'en moyenne la majorité des premiers

Fig. 94. GYNERIUM ARGENTEUM

choix porte sur les plantes qui réussissent le mieux

daṇs le pays. On doit se renseigner à ce sujet dans les propriétés voisines.

Certains arbres, certaines plantes supportent mieux

[Fig.] 95. WIGANDIA MACROPHYLLA.

que d'autres l'air des grandes villes. L'orme, le platane, le marronnier d'Inde, les érables (fig. 78), les

épines, les lilas, l'amandier, *l'aucuba japonica*, les lauriers de Portugal, les yuccas, le lierre, le troëne, le *cydonia japonica*, le *Gynerium* (fig. 94), le *Datura*, *l'Aralia*, *Wigandia*, etc., (fig. 95), souffrent moins que d'autres dans ces conditions. — Les platanes croissent aussi bien dans l'intérieur de Paris qu'en pleine campagne. On ne saurait malheureusement en dire autant de certains conifères d'ornement, des magnolias, des rhododendrons, surtout de ces derniers, qui réclament un air plus vif et plus pur que celui des grandes villes.

Conclusion. — Nous terminons par un rappel succinct de l'ordre dans lequel doivent être faits les divers travaux que nécessite la création d'un jardin.

Il faut, on ne saurait trop le redire, s'occuper avant tout et à fond du plan d'ensemble. On doit y indiquer les allées, les pelouses, les plantations, les massifs, le tout réglé par des mesures positives et non approximativement. Ce n'est qu'à cette condition qu'on arrivera à former un ensemble satisfaisant.

Quand le plan est tracé, la situation de la maison future bien déterminée; la place des cours, celle du potager désignée, on doit s'occuper du terrain destiné à être converti en jardin. Pour préserver autant que possible ce terrain de dégradations inutiles, il importe de circonscrire tout d'abord l'espace indispensable pour les préparatifs des travaux de construction.

Dans ce but, il sera prudent, dès que les fondations
de la maison seront creusées, d'en faciliter aussitôt les
abords en établissant une espèce de route provisoire
grossièrement empierrée. On facilitera ainsi les trans-
ports, les charriages, et l'on préservera de détériora-
tions fâcheuses l'emplacement du futur jardin.

Il faut ensuite marquer la place des diverses entrées,
déterminer le système de clôture et l'exécuter avec
soin. On passera ensuite aux séparations intérieures :
si le potager est destiné à être clos de murs, si d'autres murailles sont à construire, ces travaux devront
être terminés avant que le jardinier commence les
siens. Dans les petites propriétés surtout, on ne doit
commencer aucun travail de terrassement ornemental
qu'après le départ définitif des maçons. On s'occupera
ensuite du drainage, des terrassements, des eaux, des
talus, des massifs, etc.

Enfin, quand les travaux sont avancés, les contours
indiqués, on en vient aux plantations, au gazonnement
des pelouses, et comme, pendant ce temps, d'ordinaire
la maison s'achève, on peut alors tracer définitivement
les bordures des allées au moyen des placages de
gazon. Ces diverses opérations devront s'exécuter aux
époques que nous avons indiquées précédemment. Si
es ouvriers sont retenus plus longtemps à la construction qu'on ne l'avait calculé d'abord, il faut mieux

ajourner les travaux du jardin, qui ne sauraient, sans les plus graves inconvénients, être conduits pêle-mêle avec ceux de la maçonnerie.

LES DESTRUCTEURS

DES

ARBRES D'ALIGNEMENT

MŒURS ET RAVAGES DES INSECTES LES PLUS NUISIBLES

MOYENS PRATIQUES
pour les détruire et pour restaurer les plantations

A L'USAGE

des Ingénieurs des ponts et chaussées
des Agents voyers, des Propriétaires de Parcs, Régisseurs
Agents forestiers, Pépiniéristes, etc., etc.

PAR LE Dr EUGÈNE ROBERT
Inspecteur des plantations de la ville de Paris

Troisième édition revue et considérablement augmentée

Ouvrage publié sous les auspices de S. Exc. M. le Ministre de l'Agriculture

Illustré de 15 gravures sur bois
et de quatre planches sur acier représentant 29 figures

Un beau volume in-18, relié : 2 francs

Ce petit livre est le fruit d'une longue pratique expérimentale fortement encouragée par la Société impériale et centrale d'agriculture de France et sanctionnée depuis par l'Académie des sciences, surtout pour l'application d'un procédé opératoire et econo-mique propre à arrêter les ravages des insectes et à restaurer les arbres.

L'auteur a évité autant que possible le langage scientifique et il a accompagné son texte d'excellentes figures.

J. ROTHSCHILD, 43, RUE ST-ANDRÉ-DES-ARTS, A PARIS

LES RAVAGEURS DES FORÊTS

ÉTUDE

SUR LES INSECTES DESTRUCTEURS DES ARBRES
A L'USAGE DES GENS DU MONDE

DES PROPRIÉTAIRES DE PARCS ET DE BOIS, RÉGISSEURS, AGENTS
FORESTIERS, AGENTS VOYERS, ARCHITECTES, GARDES
PARTICULIERS, GARDES FORESTIERS, PÉPINIÉRISTES, ETC.

PAR

H. de LA BLANCHÈRE

Élève de l'École Impériale Forestière, Ancien Garde Général des Forêts,
Président et Membre de plusieurs Sociétés savantes.

*Illustrée de 44 Bois dessinés d'après nature, et suivie d'un Tableau général
de tous les Insectes qui habitent les forêts de France.*

1 beau volume in-18 de 200 pages, avec plusieurs tableaux.
Relié, 2 fr. ; relié tranche dorée, 3 fr.

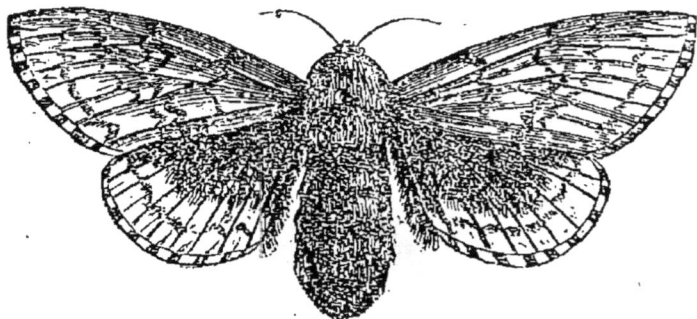

Apprendre à tout propriétaire d'arbres fruitiers, forestiers ou
d'ornement quels sont les insectes qui les ravagent et comment il
peut essayer de se défendre, tel est le but de ce traité. Exclusivement
écrit à l'usage des gens du monde, on en a banni toute dissertation
scientifique abstraite, tout terme néo-barbare de l'histoire naturelle
proprement dite, et 44 planches gravées indiquent aux yeux, non-
seulement la forme et la grandeur de l'insecte *ravageur*, mais encore
son travail particulier.

Un tableau synoptique joint à ce volume renferme la *totalité*
des insectes qui habitent nos forêts de France. Il permet, au moyen
d'une description sommaire, et de la constatation du lieu et de la
saison d'apparition, de déterminer l'espèce et le nom de l'animal,
et, par suite, le genre de dégâts que l'on doit redouter.

LES PLANTES

À

FEUILLAGE ORNEMENTAL

Description, Histoire, Culture
et Distribution des Plantes à belles feuilles, nouvellement employées
à la décoration des SQUARES, PARCS *et* JARDINS
avec **37** *gravures, dessinées par Riocreux, Y. d'Argent, André, etc.*

PAR ED. ANDRÉ

JARDINIER PRINCIPAL DE LA VILLE DE PARIS

Superbe ouvrage in-18 de plus de 250 pages

Relié. Prix : 2 fr. — Relié tranche dorée, 3 fr.

Acanthus Lusitanicus.

Monographie toute spéciale des plantes à riches feuillages, qui sont devenues depuis quelques années le plus bel ornement des **squares et jardins publics** de Paris, cet ouvrage s'adresse à tous les amateurs d'horticulture, aux propriétaires des plus grands parcs comme aux plus humbles possesseurs des petits jardins. La acilité de leur culture, le grand effet qu'ils produisent, l'incroyable variété des formes et des couleurs font de cette tribu sans rivale un ornement indispensable à tout jardin bien tenu.

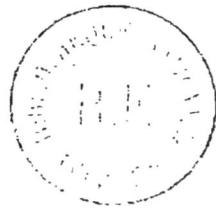

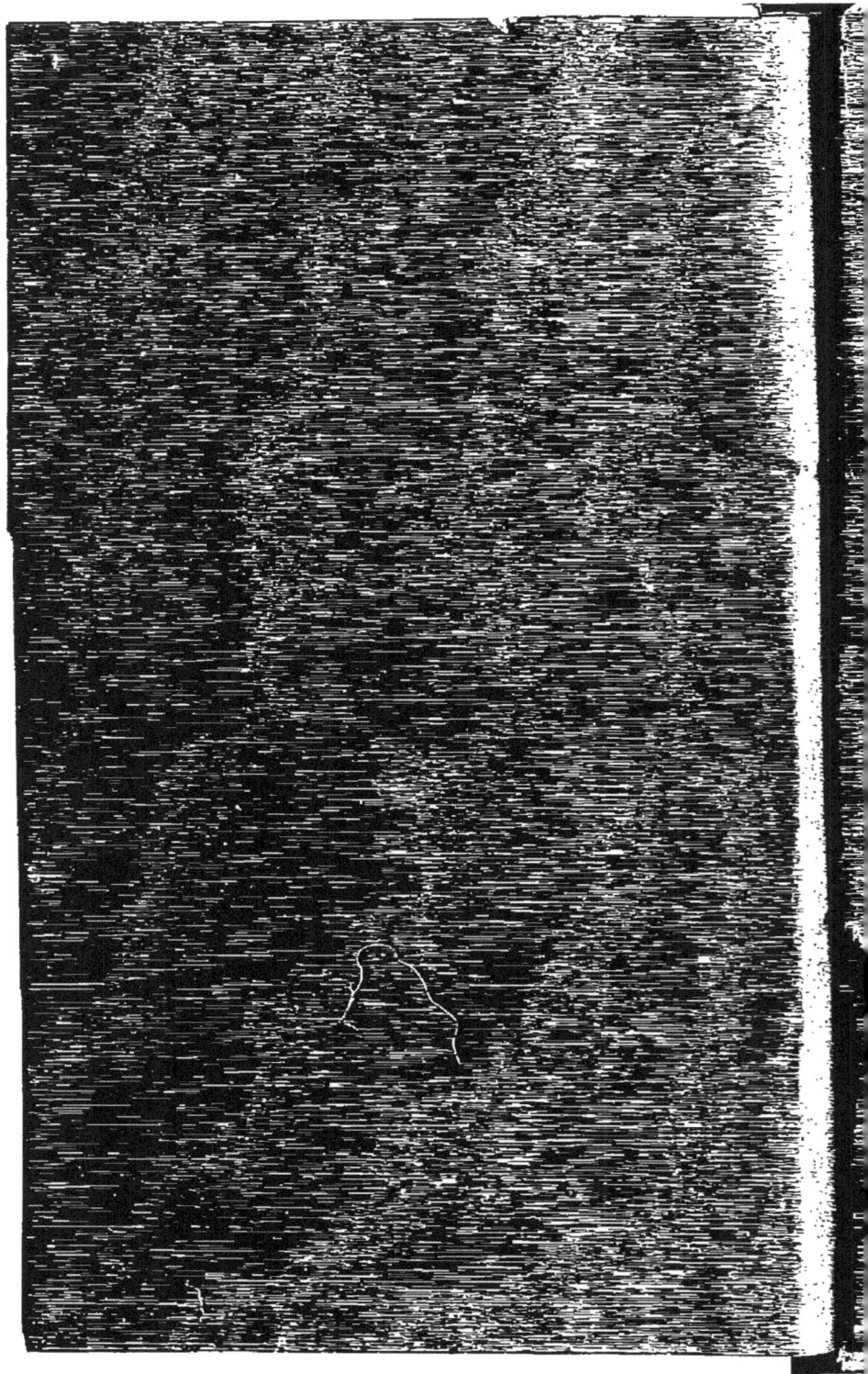

LES PROMENADES DE PARIS

BOIS DE BOULOGNE ET DE VINCENNES

PAR A. ALPHAND

www.ingramcontent.com/pod-product-compliance
Lightning Source LLC
Chambersburg PA
CBHW071646200326
41519CB00012BA/2423